ASHOK KUMAR

Híbridos de tiazolidina, carbazol e triazol

ASHOK KUMAR

Híbridos de tiazolidina, carbazol e triazol

Síntese, Caracterização, Atividade Biológica e Docking

ScienciaScripts

Imprint

Cover image: www.ingimage.com

This book is a translation from the original published under ISBN 978-620-7-64761-3.

Publisher:
Sciencia Scripts
is a trademark of
Dodo Books Indian Ocean Ltd. and OmniScriptum S.R.L publishing group

120 High Road, East Finchley, London, N2 9ED, United Kingdom
Str. Armeneasca 28/1, office 1, Chisinau MD-2012, Republic of Moldova, Europe
Managing Directors: Ieva Konstantinova, Victoria Ursu
info@omniscriptum.com

Printed at: see last page
ISBN: 978-620-8-57079-8

Conteúdo

Prefácio

O capítulo do livro Síntese de híbridos de tiazolidina-carbazol ligados a 1,2,3-triazol. A química está relacionada com outras disciplinas e a sua investigação é também muito importante. A necessidade dos investigadores é divorciada e, portanto, uma combinação de investigação biológica e orgânica e as últimas tendências na área da investigação, incluindo a área medicinal, orgânica. A química desenvolve temas modernos dos ramos das ciências inorgânicas, físicas, orgânicas e dos materiais, pelo que é necessário um livro de capítulos que cubra exclusivamente todos os temas prescritos por estas universidades tecnológicas. Este livro está organizado de modo a satisfazer as exigências salariais de todas as universidades. O principal objetivo deste livro é permitir que o estudante desenvolva capacidades de auto-aprendizagem e de compreensão dos conceitos.

Todos os capítulos são fornecidos com figuras altamente descritivas e bem identificadas. Um simples olhar para uma figura permitirá ao estudante compreender a descrição do conceito subjacente. Foi seguida uma abordagem metodológica específica para lidar com os aspectos conceptuais e periódicos de todos os tópicos do capítulo do livro. É fornecido um número suficiente de referências para a pesquisa de informações que resolvam estes problemas do campo de investigação dos problemas típicos da vida quotidiana.

Mantendo os objectivos em mente, este livro de capítulos foi escrito numa linguagem muito simples, tanto para estudantes como para investigadores, para cada capítulo são fornecidos problemas não resolvidos e questões dos trabalhos de investigação anteriores que ajudarão os estudantes na preparação para a investigação futura.

Peço humildemente aos meus alunos e professores que enviem as suas críticas construtivas e sugestões para que eu as possa incorporar nas próximas edições e tornar este livro livre de erros e ainda mais útil. Espero que este livro sirva o seu objetivo e crie interesse pelo assunto. Quaisquer sugestões e críticas para um maior desenvolvimento deste livro são muito bem-vindas.

Bapuram Ashok Kumar

AGRADECIMENTOS

Por muito que o meu trabalho nos Capítulos do Livro tenha sido um objetivo pessoal, a história não teria sido concluída sem os esforços e a ajuda da minha família, amigos e simpatizantes que fizeram parte integrante desta saga nos últimos quatro anos e meio. Os meus sinceros agradecimentos e o meu profundo sentido de apreço a todas as pessoas aqui mencionadas e a outras cujos nomes posso ter omitido inadvertidamente.

É com imenso prazer e orgulho que exprimo a minha gratidão e respeito pelo meu supervisor, Dr. J.V. Shanmukha Kumar, Diretor do Departamento de Química, K.L.E.F., Vaddeswaram, por me ter dado a oportunidade de trabalhar sob a sua supervisão. Estou-lhe grato por me ter esclarecido sobre as melhores técnicas para lidar com problemas sintéticos. Teria sido impossível atingir este objetivo sem o seu apoio e encorajamento constantes. Considero-me afortunado por estar associado a ele, que deu um impulso significativo à minha carreira.

Os outros gostariam de exprimir o seu profundo sentimento de gratidão e apreço aos professores, colegas e estudantes de investigação sem a sua cooperação, este livro não teria sido possível, tendo em conta todas as facilidades oferecidas pela minha faculdade. Os outros gostariam de transmitir sinceramente o seu agradecimento ao chefe do departamento, AD, JD, diretor, diretor de I&D e MD do GNITC Hyderabad. Estamos gratos aos outros livros da área e aos recursos em linha, cujas notas de aula e publicações foram muito úteis e orientaram-nos na preparação do material.

O autor gostaria de agradecer a todas as pessoas que contribuíram, direta e indiretamente, para que este livro chegasse à sua forma final. O autor gostaria de agradecer a todos os membros da sua família pelo seu apoio e cooperação durante a realização desta tarefa.

Por último, mas não menos importante, os autores gostariam de agradecer à equipa editorial da teenage learning pelos seus inestimáveis contributos e sugestões construtivas que ajudaram a melhorar o texto. Finalmente, acima de tudo, estou grato a Deus, o Todo-Poderoso, misericordioso e apaixonado, por me ter dado as bênçãos, a oportunidade e a capacidade de prosseguir com êxito.

Bapuram Ashok Kumar

CAPÍTULO I

Métodos gerais de síntese de 1,2,3-triazóis e isoxazóis e sua importância biológica importância biológica

1.1.Breve introdução aos compostos heterocíclicos

Atualmente, tem sido dada grande atenção ao desenvolvimento de novas estratégias eficientes para a síntese de heterociclos simples e fundidos contendo azoto. Devido à sua origem natural em muitos tecidos animais e vegetais e à sua presença em muitas biomoléculas com actividades antibióticas, antitumorais, anti-inflamatórias, antimaláricas, antimicrobianas, anti-HIV, antibacterianas, antidepressivas, antifúngicas, herbicidas, antivirais, antidiabéticas e fungicidas, a maioria destes heterociclos tem aplicações notáveis em corantes, agentes de brilho, sensores fluorescentes, plásticos, armazenamento de informação, reagentes analíticos e química de polímeros. Além disso, podem ser utilizados como fios moleculares, semicondutores orgânicos e semicondutores, díodos emissores de luz (OLED), células fotovoltaicas, sistemas de captação de luz, interruptores quimicamente controláveis, suportes de dados ópticos e compostos cristalinos líquidos. Notavelmente, os heterociclos são muito importantes na síntese química, devido ao seu papel adaptável que inclui catalisadores orgânicos, intermediários sintéticos em auxiliares quirais, grupos protectores e ligandos metálicos em catalisadores assimétricos.

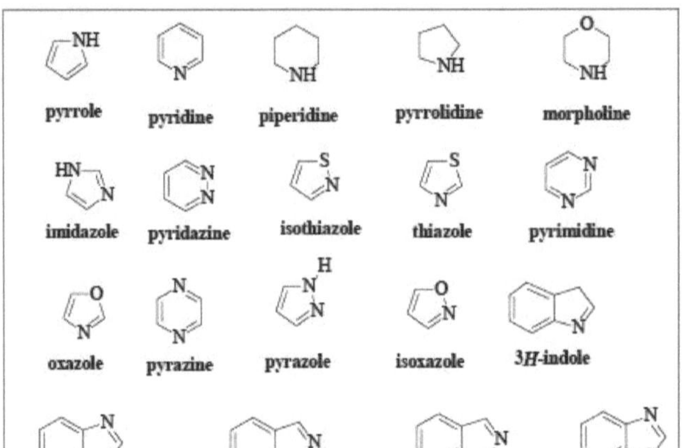

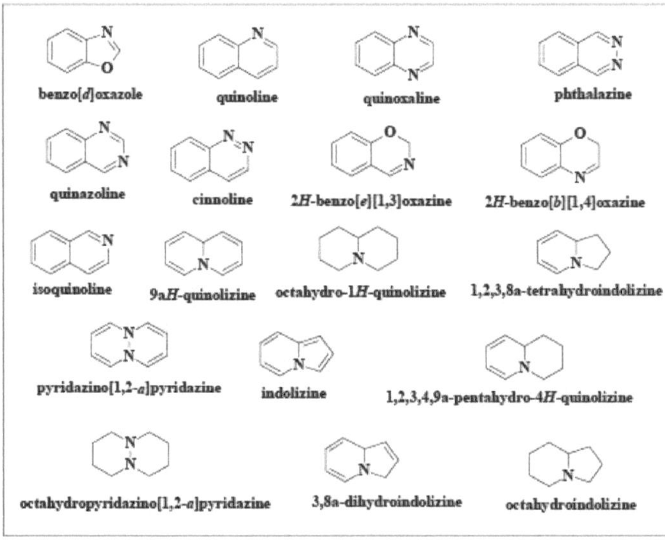

Fig.1.1. Exemplos representativos de heterociclos simples e fundidos à base de azoto.

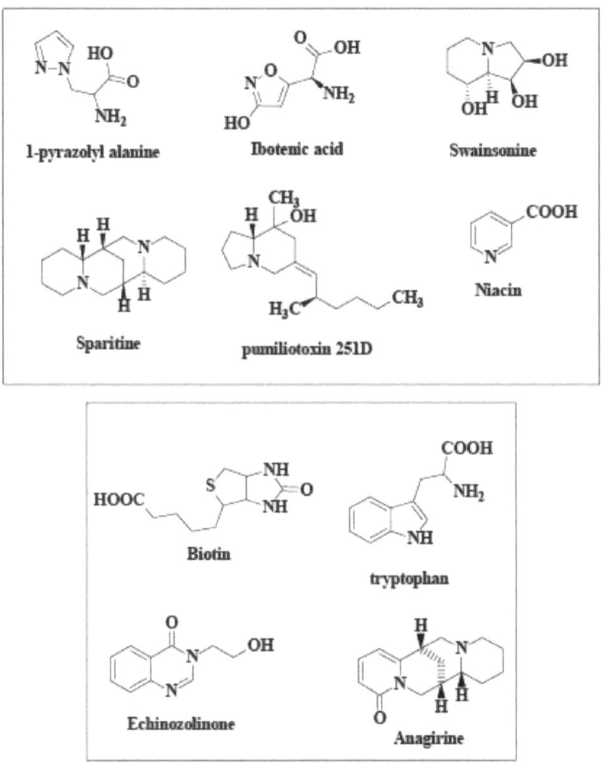

Fig. 1.2. Exemplos representativos de heterociclos azotados simples e fundidos de ocorrência

natural .

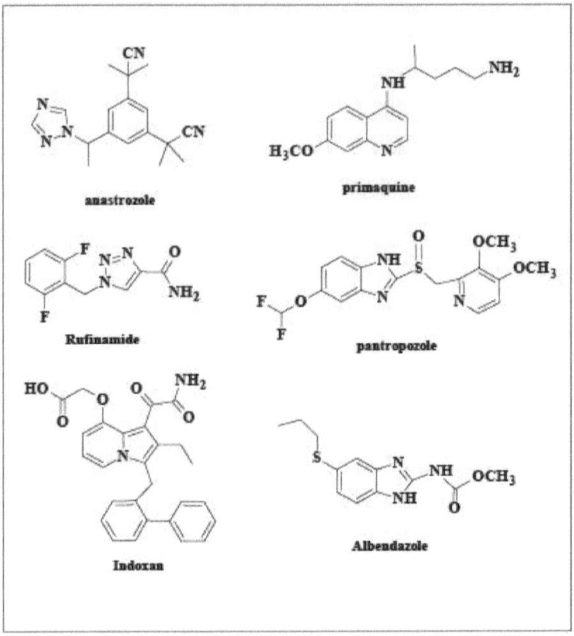

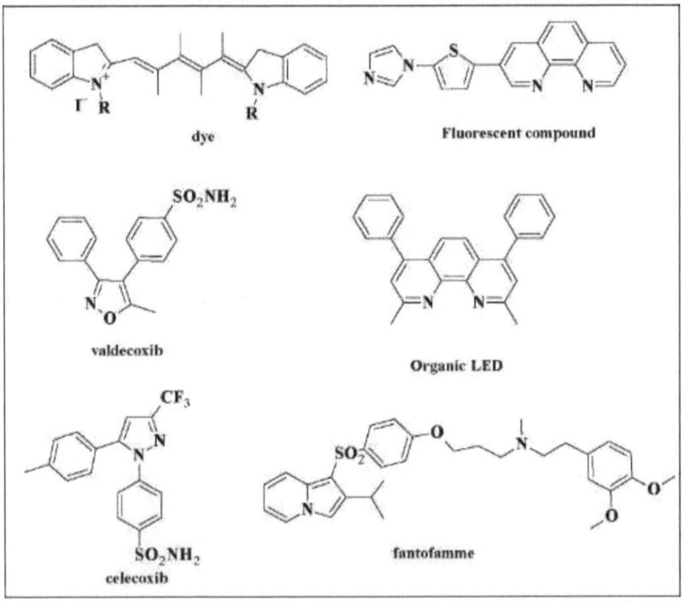

Fig. 1. 3. Exemplos representativos de heterociclos simples e fundidos à base de azoto sintético relevantes para os produtos farmacêuticos, polímeros, corantes e materiais orgânicos

No que se refere aos conceitos envolvidos na Fig. **1.1-1.3**, ou seja, os conceitos essenciais e

O papel dos heterociclos em diversas aplicações e na continuação do meu trabalho de investigação, selecionei aqui a literatura sobre derivados de 1,2,3-triazol e isoxazol.

1.2. Pesquisa bibliográfica sobre os 1,2,3-triazóis

O 1,2,3-triazol é um importante heterociclo de cinco membros que possui três nitrogénios na posição 1,2,3. Este pode estar presente em três classes, como 1,4- 1,2,3-triazóis dissubstituídos (**a**), 1,5-disubstituídos 1,2,3-triazóis (**b**) e 1,4,5- 1,2,3-triazóis trissubstituídos (**c**) (**Fig. 1.4**). Os azóis e os compostos com eles relacionados foram amplamente encontrados em fontes naturais e existem muitos candidatos a fármacos disponíveis que contêm um arcabouço de azóis na sua estrutura molecular. O anel 1,2,3-triazol é estável contra a hidrólise ácida e básica e contra condições redox. Do mesmo modo, o 1,2,3-triazol é um anel planar de cinco membros com um momento de dipolo de 5 D, que é razoavelmente superior ao das amidas com momentos de dipolo de 3,7 - 4,0 D. Assim, participam ativamente na formação de ligações de hidrogénio, bem como nas interações dipolo-dipolo [1-2]. Para além disso, a porção é relativamente inerte à degradação térmica e química. Verificou-se que os 1,2,3-triazóis não substituídos nunca foram referidos na literatura como instáveis, mesmo sob aquecimento intenso.

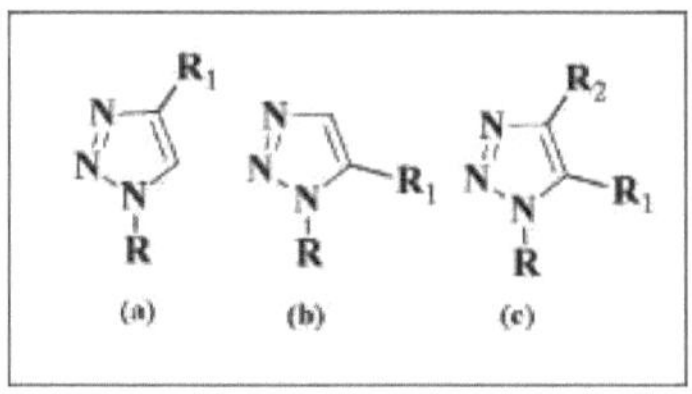

Fig. 1.4. Diferentes tipos de 1,2,3-triazóis

O 1,2,3-triazol pode formar várias interações não covalentes, incluindo ligações de hidrogénio, atracções dipolo-dipolo, interações hidrofóbicas e forças de VanderWaals em relação a muitos alvos proteicos em sistemas biológicos. Por conseguinte, os análogos baseados no 1,2,3-triazol apresentam aplicações significativas em química medicinal, como actividades antivirais, anticancerígenas, antibacterianas, antituberculosas, antifúngicas e antimaláricas [3-5]. Notavelmente, o farmacóforo do 1,2,3-triazol já estava disponível numa infinidade de fármacos comercialmente disponíveis e também em fármacos bioactivos derivatives (**Fig. 1.5**).

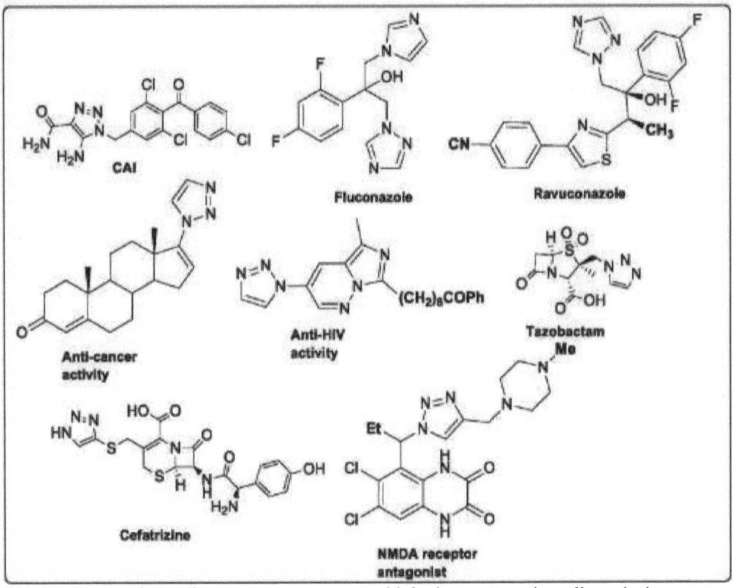

Fig. 1.5: 1,2,3-triazol contendo medicamentos ou compostos biologicamente activos disponíveis no mercado

1.2.1. Literatura selecionada sobre os métodos de 1,2,3-triazóis

> Química de cliques - a cicloadição azida-alquina catalisada por cobre

A estratégia mais significativa para sintetizar 1,4-dissubstituídos 1,2,3-triazóis é a cicloadição azida-alquino catalisada por Cu(I) [6-10]. Neste processo, a azida reage com o alquino terminal através de uma cicloadição [3+2], com a ajuda de um catalisador Cu(I).

Inicialmente, este método foi estabelecido nos primeiros dias do século XX, mas o potencial deste método só foi revelado por Huisgen *et.al,* [11-12]. Em relação à cicloadição 1,3-dipolar não catalisada [13], a cicloadição 1,3-dipolar promovida pelo cobre proporciona uma maior aceleração da taxa e direciona a formação do 1,4-regioisómero regiosselectivo. De forma notável, os produtos puros podem ser formados sem utilizar a técnica de cromatografia em coluna (**Esquema 1.1**).

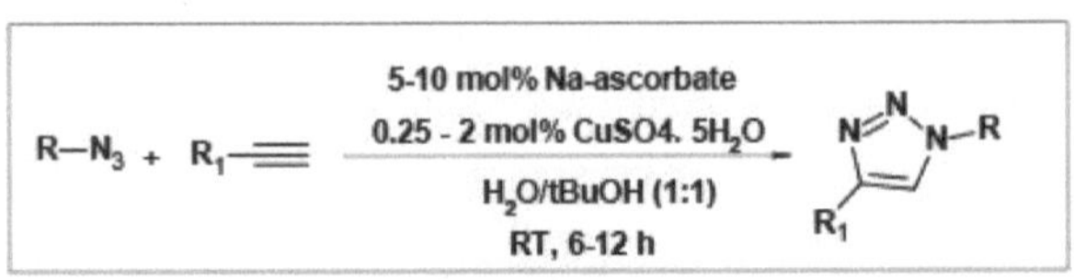

Esquema 1.1

> Estratégias sintéticas organo-catalisadas de ciclização para obtenção de '1,2,3-triazóis'

Zhang *et.al,* [14] relataram a "síntese one-pot de 1,4-dissubstituídos 1,2,3-triazóis" mediada por I2 usando metil-cetonas, N-Tosil-hidrazinas e Aminas como materiais de partida (**Esquema 1.2**).

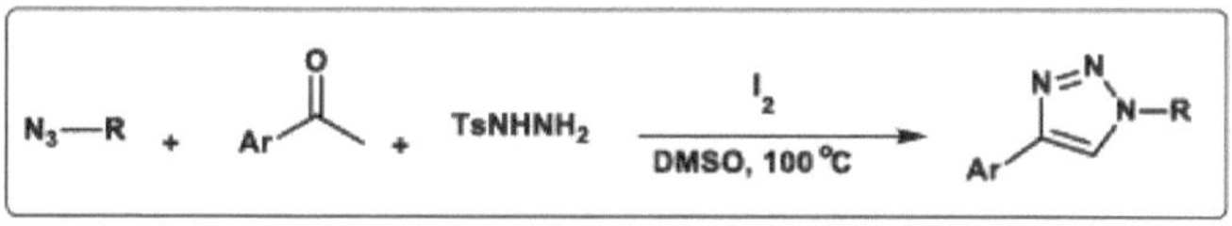

Esquema 1.2

Wang *et.al,* descreveram uma reação de cicloadição [3+2] catalisada por organo de azida-enamida para obter "1,4,5-Trisubstituídos-1,2,3-triazóis regiosselectivos" (**Esquema 1.3**) [15].

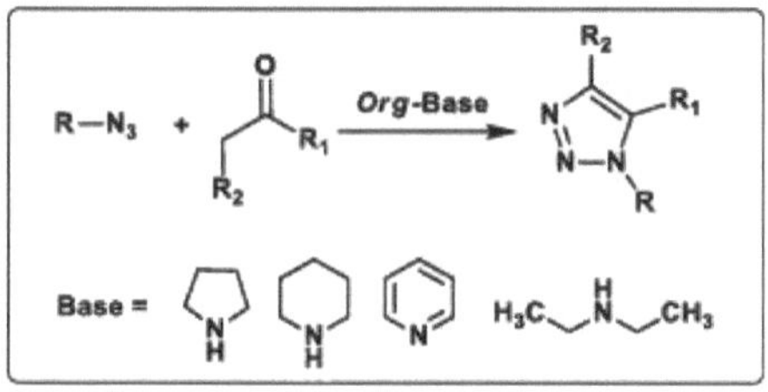

Scheme 1.3

Ramachary *et.al,* [16] relataram a reação de cicloadição [3+2] catalisada por DBU da azida com vários aldeídos para sintetizar 1,4-dissubtituídos 1,2,3-triazóis regiosselectivos (**Esquema 1.4**).

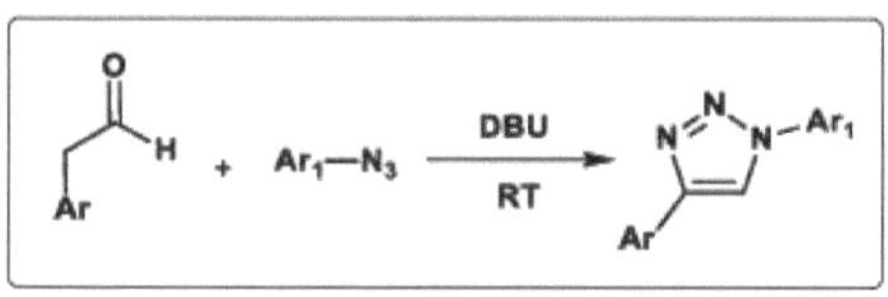

Scheme 1.4

Esquema 1.4

Mais tarde, *et.al,* [17] relataram a reação de cicloadição [3+2] catalisada por DBU da azida com várias cetonas para sintetizar 1,2,3-triazóis totalmente substituídos (**Esquema 1.5**).

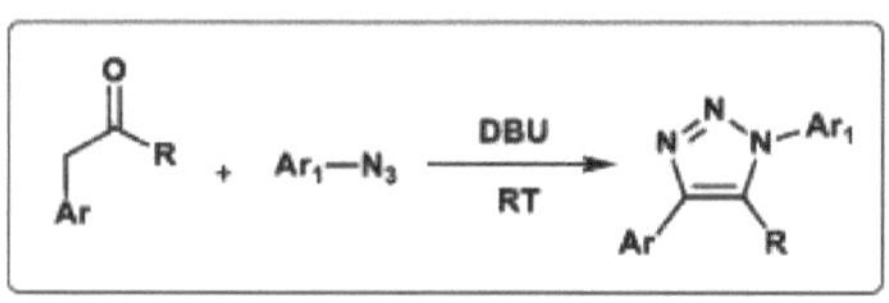

Scheme 1.5

> Literatura para 1,4,5-trisubstituídos 1,2,3-triazóis catalisados por Cu/ Pd

Ackermannand *et.al,* [18] desenvolveram uma arilação direta promovida por Pd de 1,2,3-triazóis com cloretos de arilo para obter 1,4-dissubstituídos 1,2,3-triazóis (**Esquema** 1.6).

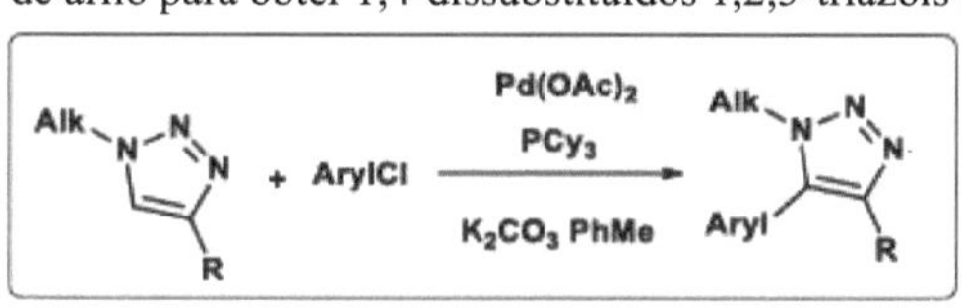

Scheme 1.6

> Ciclização catalisada por paládio para obtenção de 1,2,3-triazol

Wang *et.al,* [19] relataram um acoplamento Sonogashira sequencial mediado por paládio e ultra-sons e a cicloadição de vários cloretos de ácido, alcinos terminais e "azida de sódio para obter 4,5-dissubstituídos- 1,2,3-(NH)-triazóis" (**Esquema 1.7**).

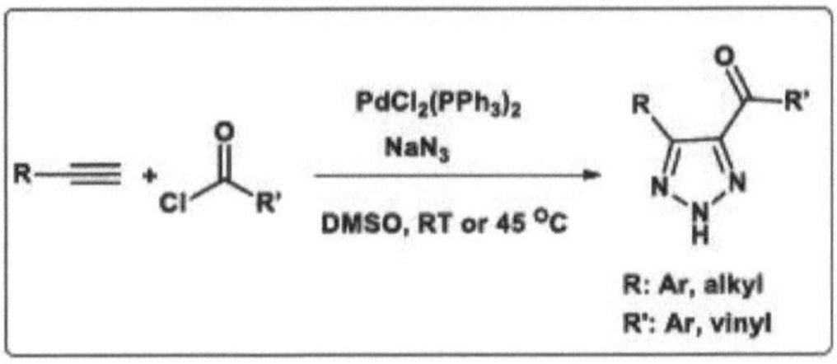

Scheme 1.7

Uma "síntese de *1H-1*,2,3-triazóis" promovida por paládio a partir de halogenetos de vinilo e azida de sódio foi estabelecida por Barluenga e colaboradores (**Esquema 1.8**) [20].

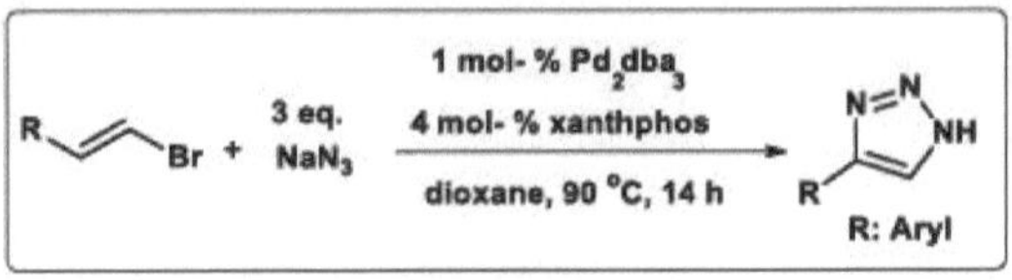

Scheme 1.8

Esquema 1.8

1.2.2. Literatura selecionada sobre as aplicações biológicas dos 1,2,3-triazóis

Os novos triazóis mono e bis-1,4-dissubstituídos 1,2,3 à base de ácido indol-2-carboxílico foram examinados quanto à sua atividade anticancerígena in vitro e in vivo, tendo sido efectuados estudos antibacterianos e de clivagem do ADN por Narasimha *et al.* [21]. Nestes compostos, 1, 2, 3 e 4 mostraram uma potencial atividade anticancerígena contra "MCF-7, HeLa e HEK293" quando comparados com a cisplatina. Os resultados da atividade antibacteriana mostraram que os compostos **1** e **2** inibiram de forma excelente E.coli e Bacillus subtilis e que o composto de estreptomicina, um fármaco padrão, foi utilizado e comparado. Os compostos **3** e **4** clivaram parcialmente o ADN a uma concentração de 100 μgmL^{-1}.

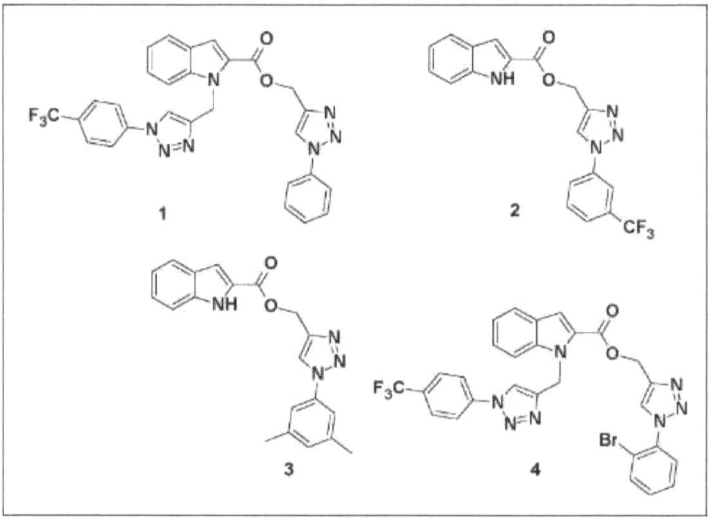

1 2 3 4

Mahdavi M *et.al*, [22] sintetizou alguns novos híbridos de 1,2,3-triazol-benzimidazol e analisou a sua atividade inibidora da tirosinase de cogumelos. Os resultados revelaram que os compostos "2-(4-{[1-(3,4-diclorobenzil)-*1H-1*,2,3-triazol-4-il]metoxi}fenil)-*1H-benzo*[*d*]imidazol" (**5**) e "2-(4-{[1-(4-bromobenzil)-*1H*- 1,2,3- triazol-4-il]metoxi}fenil)-*1H-benzo*[*d*]imidazol" (**6**) mostraram-se eficazes na inibição da tirosinase de cogumelos com valores de IC_{50} de 9.42 e 10,34 μM, respetivamente, e verificou-se notavelmente que estas análises são comparáveis ao medicamento padrão (ácido kójico, IC_{50} = 9,28 μM).

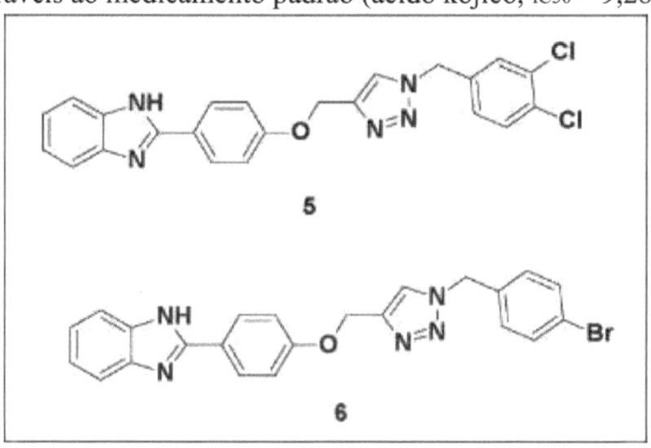

5

6

E. Ramya Charitha *et.al*, [23] relataram uma cicloadição 1,3- dipolar em tandem catalisada por Cu(I) e uma arilação catalisada por Cu do 1,2,3-triazol resultante utilizando [Emim]BF4 em condições de micro-ondas. Todos estes derivados sintetizados foram ainda testados quanto à sua potência de inibição antibacteriana contra estirpes gram +ve e gram -ve. Entre todos, o composto **7** demonstrou uma atividade de inibição excecional que contém o valor MIC 3,12 μg/mL contra *B. subtilis* e *S. epidermidis*, que foi estabelecido como sendo duas vezes maior do que a ciprofloxacina (6,25 μg/mL), bem como apresentou atividade equipotente com o controlo positivo contra *S. aureus* que contém o valor MIC 6,25 μg/mL. Além disso, os conjugados da série, *como os compostos* **8** e **9** contra *S. aureus* e **10** contra *E. coli*, também apresentaram resultados promissores, possuindo valores de CIM de 6,25 µg/mL, o que foi equivalente ao da ciprofloxacina. Finalmente, os resultados dos perfis antibiofilme para todos estes compostos revelaram que os derivados **9** e **7** não só eram agentes antibacterianos potentes, como também actuavam como inibidores eficazes do crescimento do biofilme de *B. subtilis* e *S. aureus*.

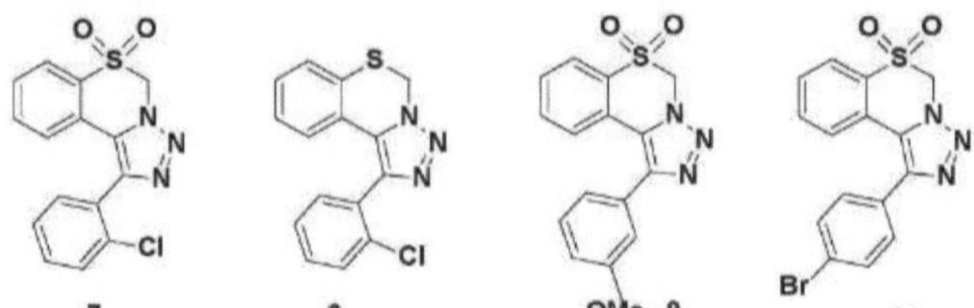

7 8 9 10

Prasanna S. G. *et.al*, [24] relataram uma química de clique de um pote para obter híbridos de N-({1- [(1H-benzo[d]imidazol-2-yl)methyl]-1H-1,2,3-triazol-4-yl}methyl)anilina. Todos estes híbridos foram ainda analisados quanto à citotoxicidade in vitro com a ajuda do programa de rastreio de linhas celulares tumorais humanas NCI (National Cancer Institute)-60. Entre todos, o composto N-({1-[(1H-benzo[d]imidazol-2-yl)methyl]-1H-1,2,3-triazol-4-yl}methyl)-4-chloroaniline (**11**) mostrou 40% de inibição do crescimento na linha celular de cancro renal (UO-31) a 10µM de concentração.

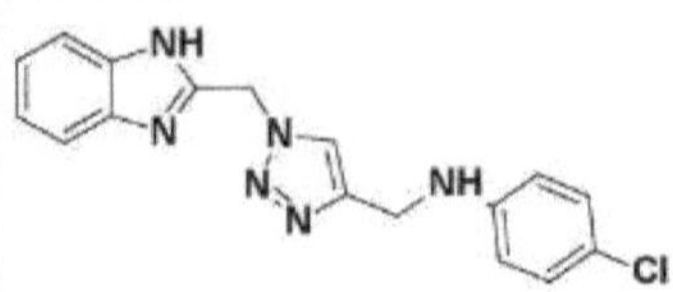

11

N. Vasudeva Reddy *et.al,* [25] explicaram uma "síntese de um pote catalisada por Cu de alguns novos híbridos fundidos de benzotiazino[1,2,3]triazolo[4,5-*c*] quinolinona" usando 1-iodoalcinos e diferentes azidas de arilo através da *formação in situ de* intermediário 5-iodotriazol em [BMIM]PF6 sob irradiação de micro-ondas. A atividade anticancerígena de todos estes compostos sintetizados contra MCF-7, HeLa, A-549 e IMR-32 revelou que os dois compostos **12** e **13** apresentavam uma atividade anticancerígena promissora contra MCF-7 e A-549.

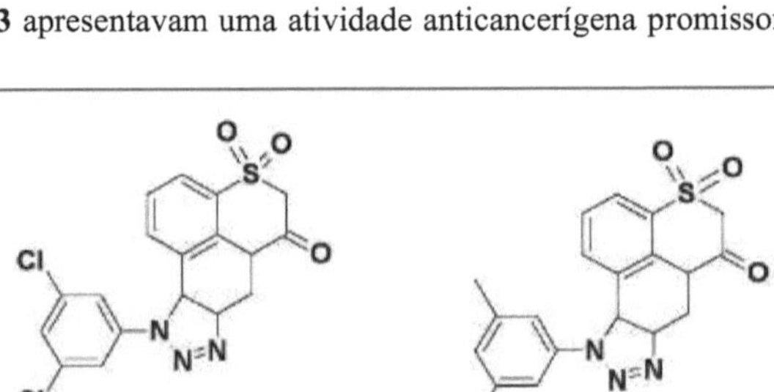

12 13

Figueiro *et.al,* [26] descreveram a síntese de híbridos de 1,2,3-triazol-mercaptobenzimidazol e investigaram a sua atividade de avaliação molecular contra a linha celular de glioma C6. Entre todos os derivados selecionados, os compostos 2-(4- {[(1H-benzo[d]imidazol-2-yl)thio]methyl}-1H-1,2,3-triazol-1-il)-1-[4-(4- clorobenzil)piperazin-1-il] etanona (**13**) e 2-(4-{[(1H-benzo[d]imidazol-2-il)tio]metil}-1H-1,2,3-triazol-1-il)-1-(4-clorofenil) etanona (**14**) revelaram a atividade mais promissora.

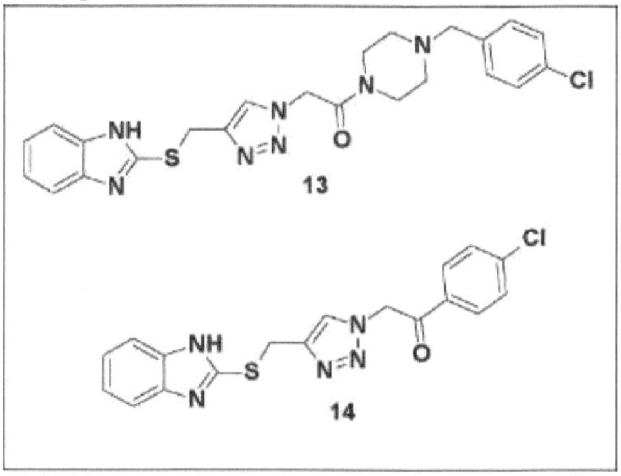

Ranjith kumar T *et.al,* [27] apresentou a síntese de alguns novos (isopropilideno) uridina-[1,2,3] triazóis através da cicloadição azida-alquina catalisada por cu usando N-propargil 20,30- O-(isopropilideno) uridina e diferentes azidas de arilo como materiais de partida. Posteriormente, todos os derivados sintetizados foram analisados quanto às suas actividades anticancerígenas e antibacterianas in vitro. De acordo com a análise dos resultados, os compostos **15** e **16** mostraram uma boa atividade contra MCF-7 e o composto **17** mostrou uma boa atividade contra HeLa quando correlacionado com a Cisplatina. Além disso, os resultados da atividade antibacteriana revelaram que os derivados **18** e **17** apresentaram uma excelente atividade contra os compostos Escherichia coli e Bacillus subtilis. Além disso, o **15** contra Proteus vulgaris, o **19** contra Staphylococcus aureus e **o 20** contra B. subtilis e S. aureus mostraram uma atividade equipotente em comparação com o
com a Estreptomicina.

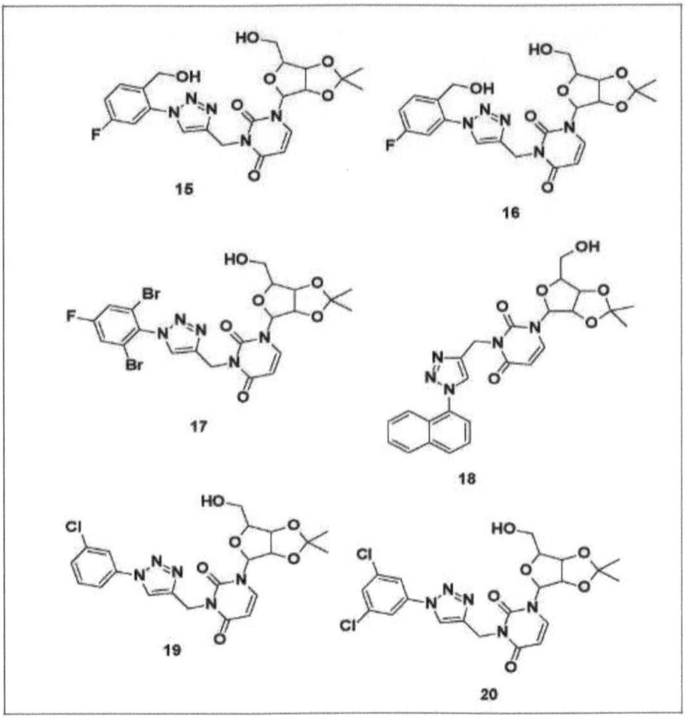

Bennet *et.al,* [28] explicaram que a molécula tazobactam (**21**) é o melhor exemplo de um derivado de 1,2,3-triazol que actua como inibidor da ß-lactamase e que já é comercializado em combinação com o antibiótico de largo espetro piperacilina.

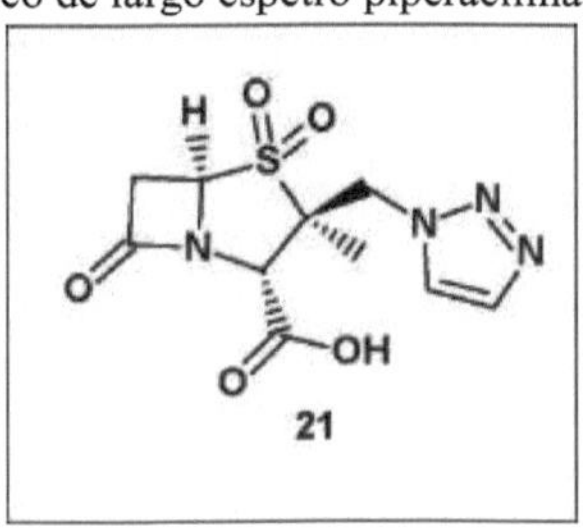

S. Narasimha *et.al*, [29] apresentaram a síntese e as actividades biológicas de alguns novos 4-[3-fluoro-4-(morfolin-4-il)]fenil-1H-1,2,3-triazóis como moléculas antibacterianas e anticancerígenas através da 4-(4-azido-2-fluorofenil)morfolina (gerada *in situs*) utilizando 3-fluoro-4-morfolinoanilina, alquino e triflyl azida como materiais de partida. Mais tarde, todos estes compostos foram analisados quanto à sua atividade antibacteriana contra três estirpes bacterianas G+ e foi avaliada a atividade anticancerígena contra MCF-7 e HeLa. Entre todos, os compostos **22**, **23** e **24** apresentaram uma atividade antibacteriana significativa em relação a todas as estirpes bacterianas gram-positivas. Além disso, os compostos **25**, **26** e **27** revelaram uma atividade citotóxica potente contra duas linhas de células cancerígenas que contêm valores IC_{50} mais próximos da doxorrubicina.

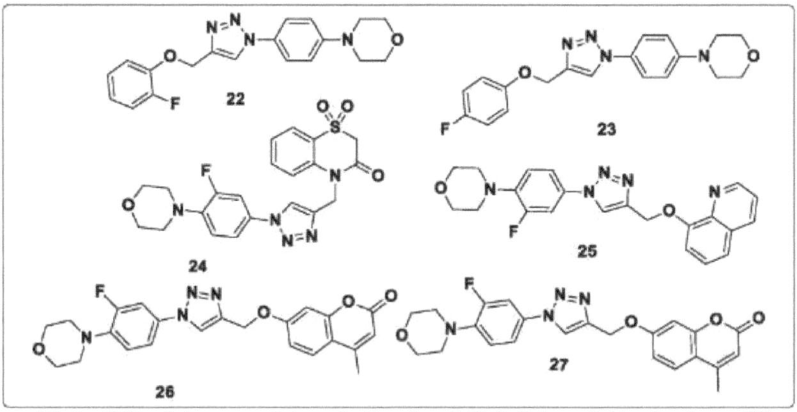

Kohn e Liotta [30] relataram a síntese da 5-amino-1-[3,5-dicloro-4-(4- clorobenzoil)benzil]-1H-1,2,3-triazole-4-carboxamida (**28**) como um potente agente anticancerígeno, estando atualmente em ensaios clínicos (fase I) para doentes com cancro refratário.

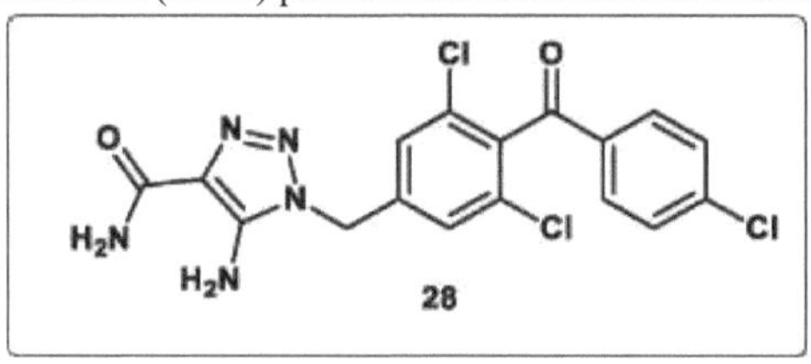

Amar D *et.al,* [31] descreveram a síntese de alguns novos compostos híbridos triazol-benzimidazol-calcona através da ciclo-adição azido-alquina [3+2] catalisada por cobre. Todos estes compostos foram novamente testados quanto à eficácia antiproliferativa contra algumas linhas celulares de cancro da mama e da próstata. Entre todos, o composto (E) -1-{1-[(1-benzil-1H-1,2,3-triazol-4-il)metil]-1H-benzo[d]imidazol- 2-il}-3-(2-clorofenil)prop-2-en-1-ona (**29**) foi revelado atividade mais potente contra as linhas celulares T47-D (6,23 μM), MDA-MB-231(5,89 μM) e câncer de próstata-PC3 (10,7 μM).

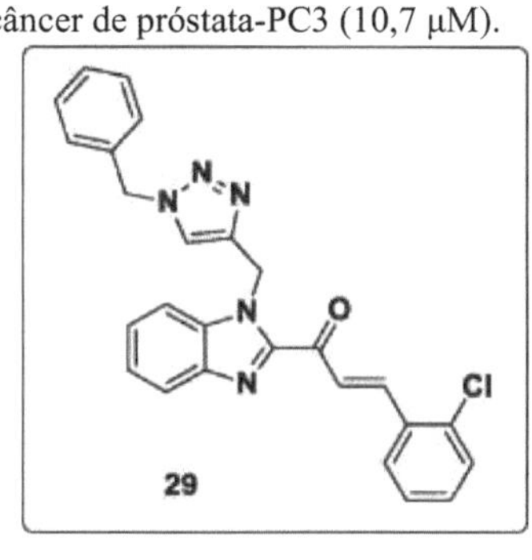

A preparação e a atividade biológica de algumas novas 1,2,3-triazole-2H- benzo[b][1,4] oxazin-3(4H)-ones em relação às linhas celulares MCF-7 e HeLa foram analisadas por N. Vasudeva Reddy *et.al*, [32]. Entre todos, os compostos **30** e **31** apresentaram uma melhor atividade citotóxica contra duas linhas de células cancerosas com valores IC_{50} mais próximos da cisplatina. Além disso, as moléculas mais activas **30** e **31** foram estudadas quanto à sua atividade anticancerígena in vivo contra ratinhos portadores de carcinoma de ascite de Ehrlich e, de acordo com os resultados, o composto 5c apresenta atividade citotóxica quando comparado com a cisplatina.

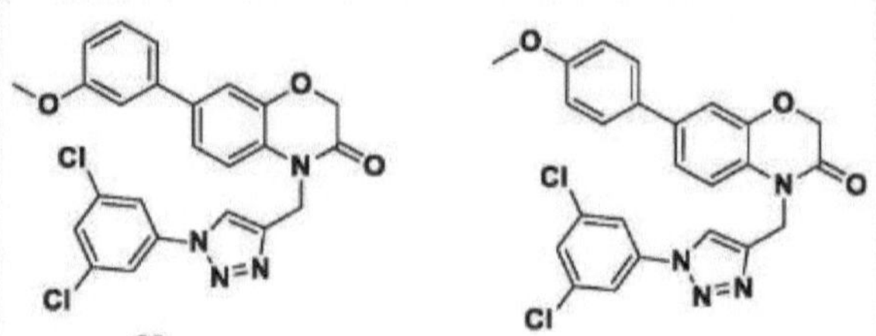

30 **31**

Harrison *et.al,* [33] descreveram o "cloridrato de 5-[({(2R,3S)-2-[(S)-2-(3,5-bis(trifluorometil)fenil]propil}-3-(4-fluorofenil) morfolino)metil]-N,N- dimetil-1H-1,2,3-triazol-4-amina" (**32**) como um antagonista altamente potente do recetor humano de neuroquinina-1 (h-NK1). Este composto tinha uma longa duração de ação central que seria adequada para administração clínica oral e intravenosa.

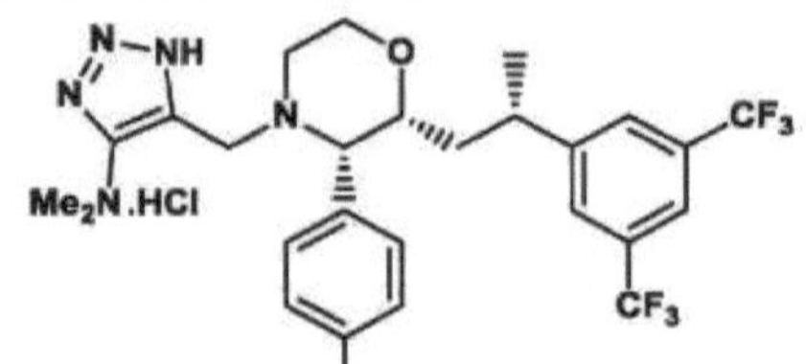

32

N. Vasudeva Reddy *et.al,* [34] explicaram a síntese e a combinação de benzoxazino[1,2,3]triazolil[4,5-c] quinolinonas em derivados de uma só vez, através da reação entre 5-iodo-4-(prop-2-yn-1-yl)-2H-benzo[b][1,4]oxazin- 3(4H)-ona e várias azidas arilo promovidas pelo sistema catalítico Cu/Pd. Todos os compostos que foram sintetizados são mais estudados para a citotoxicidade contra as linhas celulares de câncer CF-7, A-549 e HeLa e sabia-se que o composto **33** mostrou atividade ótima contra MCF-7 e A-549, que tem resultados IC_{50} de 11,18 e 17,81 μM, e em comparação com a cisplatina.

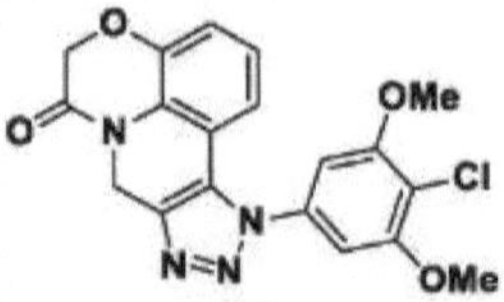

33

Ctor *et.al*, [35] descreveram a atividade antibacteriana da Cefatrizina (**34**) (SK&F 60771), que é um novo antibiótico acefalosporina de consumo oral. Verificou-se que a introdução da porção 1,2,3-triazol no núcleo da cefalosporina aumentou a disponibilidade oral.

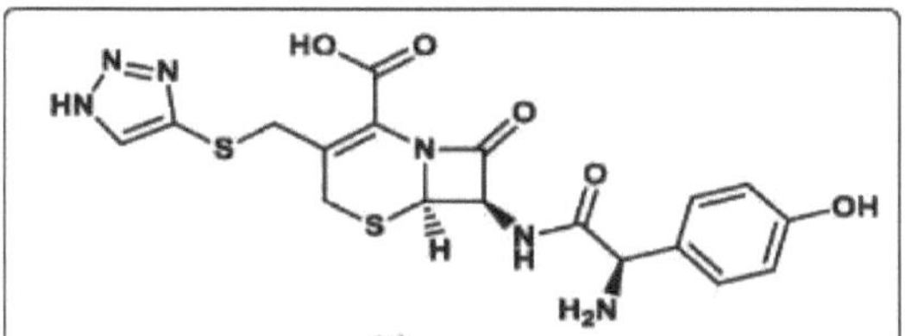

34

Rajitha Bollu *et.al*, [36] preparou alguns novos híbridos de 1,2,3-triazol-1,4-benzoxazina usando a abordagem de química de clique e investigou ainda mais sua atividade antiproliferativa contra HeLa, MIAPACA, MDA-MB-231 e IMR32. Entre todos, os compostos **35** e **36** mostraram atividade antiproliferativa promissora com valores de GI_{50} na faixa de 1,2 a 2,5 µM e 0,1 a 1,1 µM, respetivamente, contra HeLa, MDA-MB-231, MIAPACA e IMR32, enquanto o composto **37** mostrou atividade significativa contra MDA-MB-231 e IMR32 com escala GI_{50} na faixa de 1,1 e 1,4 µM.

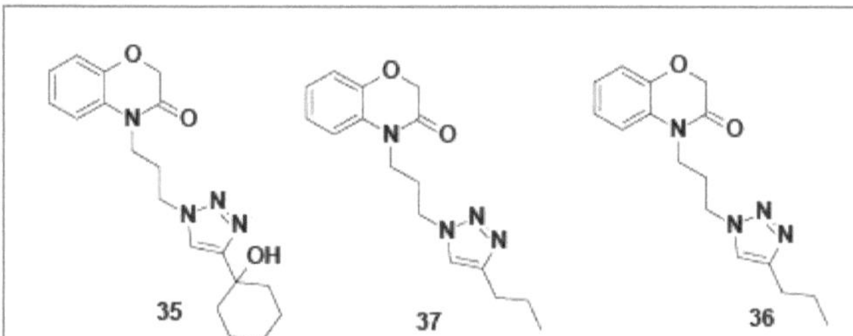

35 37 36

Ahmed Kamal *et.al,* [40] prepararam uma nova categoria de híbridos de pirrolobenzodiazepinas com 1,2,3-triazol e outros fios através de uma química de clique catalisada por cobre como abordagem chave. Among all, the compound 1-({[(2S,11aS)-2-[4,5-bis(methoxycarbonyl)- 1H-1,2,3-triazol-1-yl]-7-methoxy-5-oxo-2,3,5,11a-tetrahydro-1H-benzo[e]pyrrolo[1,2-a][1,4]diazepin-8-yl]oxy}methyl)-1H-1,2,3-triazole-4,5- dicarboxilato (**38**) demonstrou um amplo espetro de atividade contra as linhas celulares de cancro verificadas e exibiu uma afinidade significativa de ligação ao ADN.

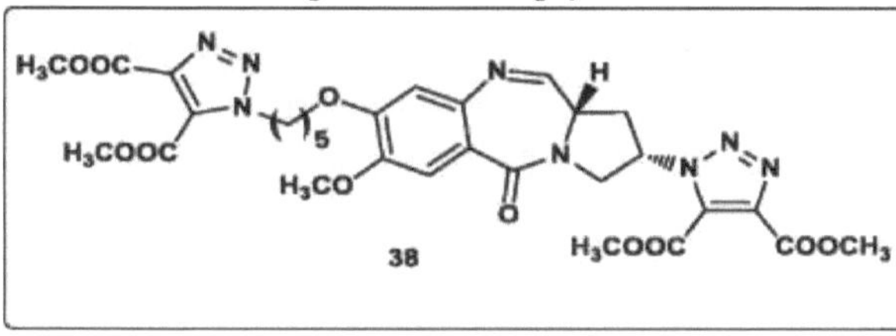

38

1.3. Pesquisa bibliográfica sobre derivados de isoxazol

Os isoxazóis são uma das séries significativas de compostos heterocíclicos de cinco membros, em que dois átomos de carbono são substituídos por um átomo de azoto e um átomo de oxigénio. De forma notável, uma pletora de derivados à base de isoxazol já estava acessível e presente nos produtos úteis da nossa vida quotidiana. Além disso, vários medicamentos que salvam vidas e produtos naturais biologicamente activos são constituídos por uma porção do anel de isoxazóis como espinha dorsal chave e primária. Por exemplo, a risporidona (antipsicótico), a leflunomida (imunodepressor), o ácido ibónico (neurotoxina), o muscimol (antagonista do GABA), o parecoxib (inibidor da COX-2) e a oxacilina (antibacteriana), etc., (**Fig. 1.6**) têm o isoxazol como farmacóforo de base. De forma notável, a atividade farmacológica de todos estes derivados pode dever-se à presença de átomos de N e O nas posições 1 e 2, o que, consequentemente, aconselha relações capazes de ligação H dador/acetor em relação a uma série de enzimas. Além disso, os isoxazóis podem ser utilizados como precursores sintéticos versáteis de várias pequenas moléculas úteis, produtos naturais e compostos de cristais líquidos [38].

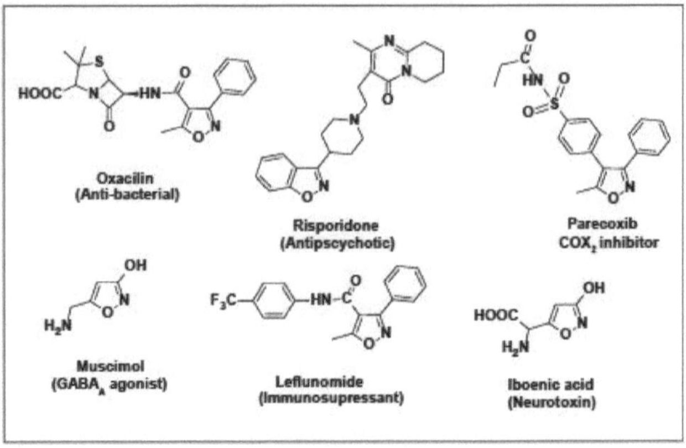

Fig.1.6. Alguns medicamentos comerciais que contêm o anel isoxazol

1.3.1. Metodologias anteriores selecionadas para a síntese de isoxazóis substituídos

> Reação entre 1,3-dicetonas e hidroxilaminas

Os derivados de isoxazol podem ser simples e facilmente preparados a partir da reação de 1.3- diketona e derivados de hidroxilamina (**Esquema 1.9**) [39].

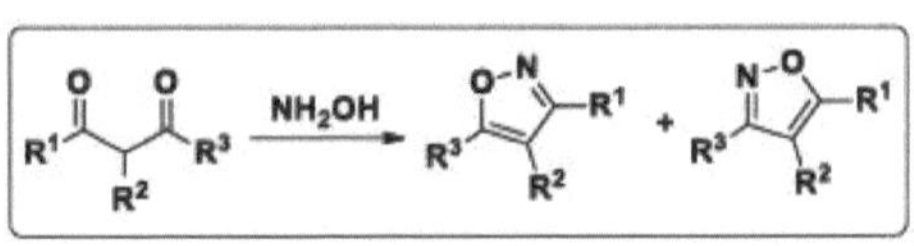

Scheme 1.9

Esquema 1.9

> Reação de hidroxilaminas com compostos α,β-insaturados

A reação de compostos carbonílicos α, β-insaturados com derivados de hidroxilamina produz oximas,β-insaturadas *in situ* correspondentes, que subsequentemente sofrem oxidação para obter os compostos de isoxazol substituídos (**Esquema 1.10**) [40].

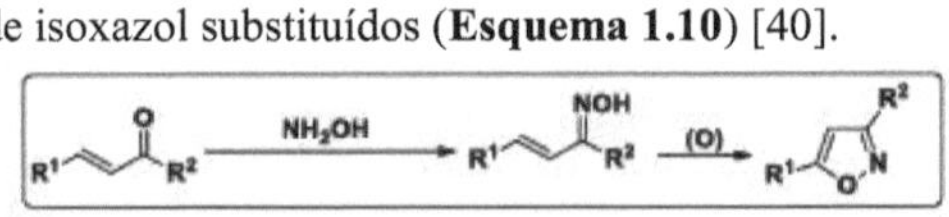

Scheme 1.10

Esquema 1.10

> Cicloadição 1,3-dipolar de óxidos de nitrilo com alcinos

Fokin *et.al,* [41] explicaram pela primeira vez a reação de cicloadição 1,3-dipolar catalisada por Cu(I) de vários alcinos terminais com óxidos de nitrilo para a síntese de isoxazóis 3,5-dissubstituídos regiosseletivos (**Esquema 1.11**).

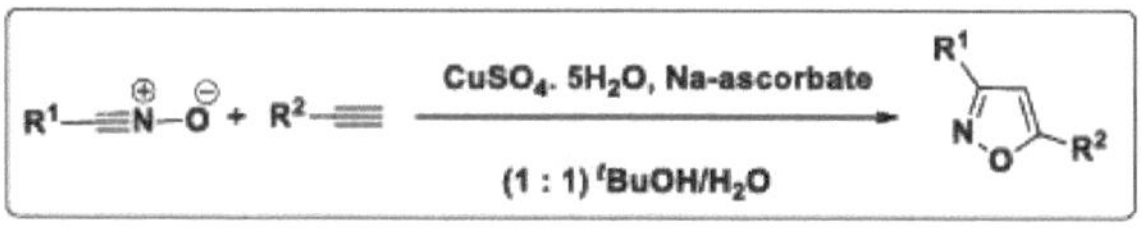

Scheme 1.11

Esquema 1.11

Vadde Ravinder *et.al,* descreveram as reacções de cicloadição 1,3-dipolar de óxidos de nitrilo com alcinos terminais para obter isoxazóis 3,5-dissubstituídos regiosselectivos que são catalisados por organo-NHC (**Esquema 1.12**) [42].

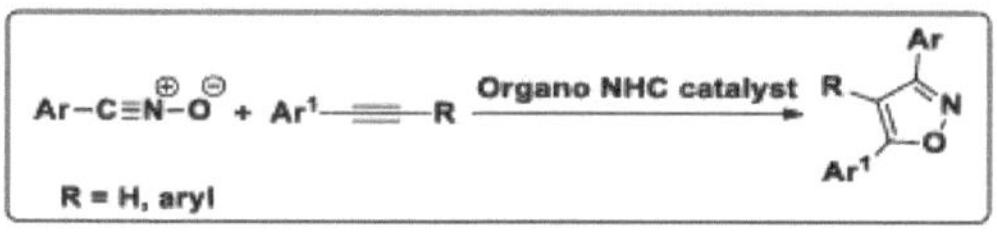

Scheme 1.12

Esquema 1.12

> Outros métodos

Miyata *et.al,* explicaram a ciclização intramolecular catalisada por prata de vários éteres de oxima de alquinilo para sintetizar isoxazóis 3,5-dissubstituídos (**Esquema 1.13**) [43].

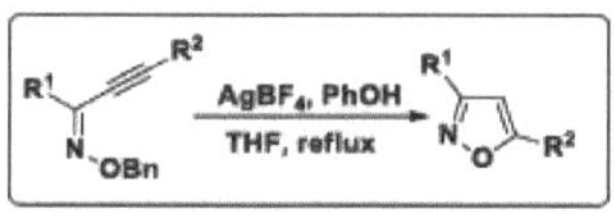

Scheme 1.13

Esquema 1.13

Atsunori *et.al,* [44] explicaram a síntese regiosseletiva one-pot de isoxazóis 3,5-dissubstituídos através da reação de quatro componentes catalisada por $PdCl_2(PPh_3)_2$ de alcinos terminais, monóxido de carbono de iodeto de arila, carbono em condições suaves (**Esquema 1.14**).

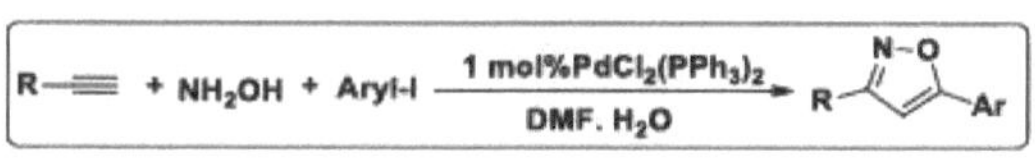

Scheme 1.14

Esquema 1.14

1.3.2. Pesquisa bibliográfica selecionada sobre a importância biológica dos derivados de isoxazol

T. Liljefors T *et.al,* [45] concebeu e preparou alguns novos 4-aril- 5-(piperidin-4-il)isoxazol-3-óis e analisou a sua atividade antagonista GABAA. De todos os compostos preparados, os compostos **39-41** mostraram maior potência.

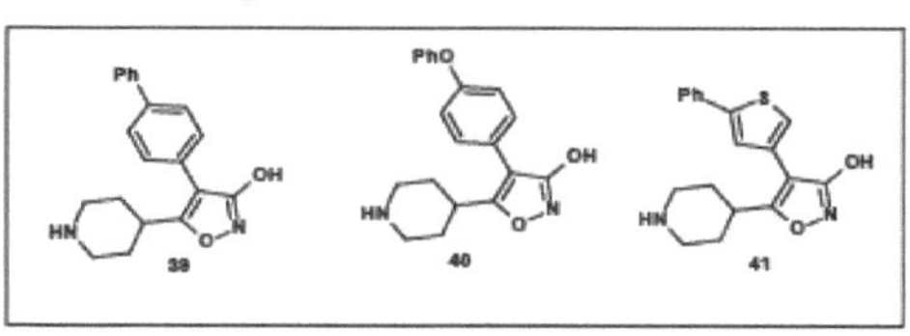

M. Kocieba *et.al,* [46] explicaram a síntese de várias novas moléculas de isoxazole-triazipina como agentes imunossupressores *in vivo* contra as respostas imunitárias humeral e também celular. O composto **42** apresentou os resultados mais potentes.

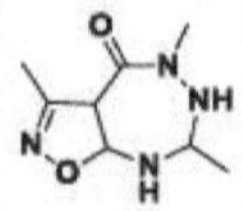

42

M. Dixit *et.al,* [47] explicaram a síntese combinatória de alguns novos derivados de isoxazol e examinaram a sua atividade antitrombina in vivo. De todos os derivados sintetizados, o composto **43** contendo o grupo 2-clorofenil mostrou uma atividade antitrombina comparável com o controlo positivo.

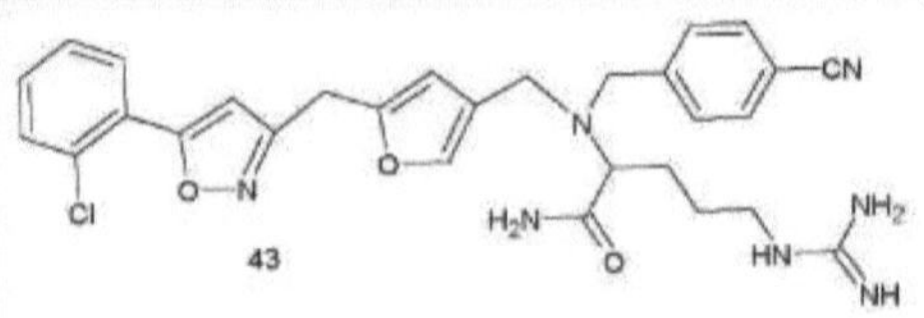

43

N. D. Alessandro *et.al,* [48] sintetizaram várias isoxazole-curcuminas e depois investigaram a atividade anticancerígena em relação à linha celular MCF-7, bem como a variação da multirresistência em MCF-7R. O composto **44**, na sua concentração micromolar, apresentou a atividade mais promissora em relação a MCF-7 e MCF-7R com IC_{50} 13,1 ± 1,6 e valor IC_{50} 12,0 ± 2,0, respetivamente.

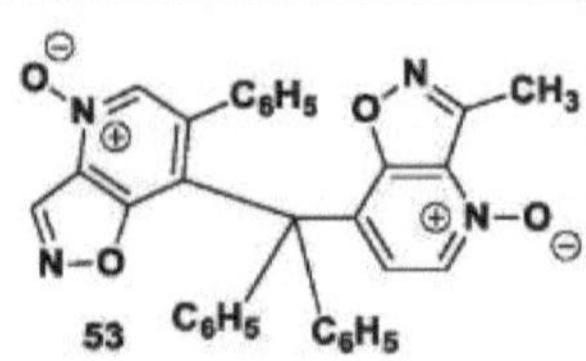

53

A.D. Westwell *et.al,* [49] relataram a síntese de alguns novos derivados de 5-(1H-indol-5-il)-3-fenilisoxazol e verificaram a atividade antitumoral in vitro contra duas linhas celulares como Colo320 e Calu-3. De todas as moléculas, os compostos **45-46** que contêm substituintes metoxi mostraram uma atividade promissora com valores IC_{50} de 22,5 a 13,3 para a linha celular de cancro do pulmão e de 13,5 a 9,0 para as linhas celulares de cancro do cólon, respetivamente.

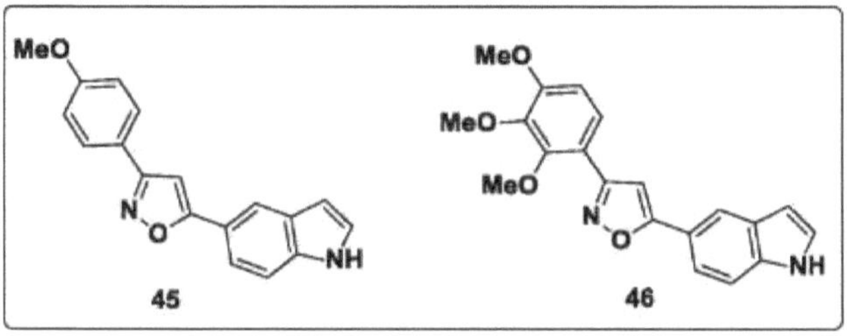

J.M. Gillardins *et.al,* [50] relataram a síntese de alguns novos híbridos isoxazol-amida como agentes anticonvulsivos. Entre todos, os compostos **47-48** apresentaram uma atividade promissora.

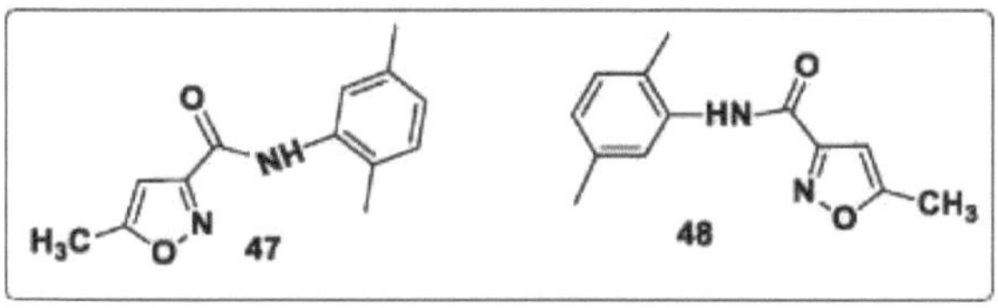

H. D. Kendall *et.al,* [51] sintetizaram alguns novos derivados de isoxazol multi-substituídos e a atividade helmíntica foi investigada contra o verme redondo do rato, bem como contra o Nlppostrongjlus Erazikensis. Entre todos, os isoxazóis (**Fig. 1.7**) mostraram uma atividade anti-helmíntica promissora.

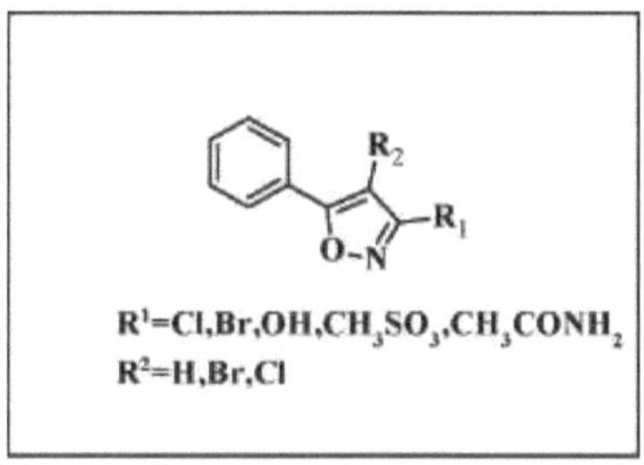

Fig. 1.7

Pedada *et.al,* [52] explicaram a síntese de híbridos de indol-isoxazol como potentes inibidores da PLA2. Entre todos, o composto **49** que consiste em F e CF3 no anel de benzeno ligado e o substituinte CH3 no anel de indol foi considerado o mais potente contra a PLA2 do que o fármaco padrão, o ácido ursólico. Os valores de IC50 observados para o composto superior **49** são quase equivalentes a 10,23 ± 0,91μM.

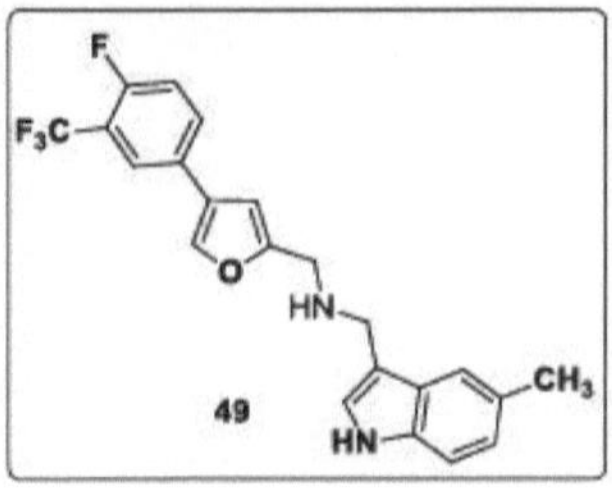

49

C.A.M. Fraga *et.al,* [53] relataram a síntese de alguns novos compostos de isoxazol-epibatidina como agonistas antinociceptivos do recetor nicotínico de acetilcolina. De todos os compostos preparados, o composto **50** demonstrou uma excelente atividade agonista do recetor nicotínico de acetilcolina antinociceptivo.

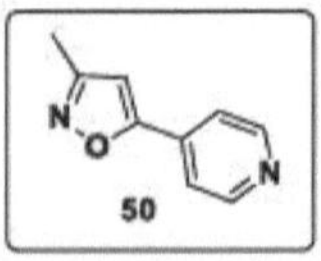

50

Lenz *et.al,* [54] conceberam e sintetizaram alguns novos híbridos de isoxazol-azepina como agonistas muscarínicos. Entre eles, a maior atividade agonista muscarínica foi observada para o composto **51** que tem um grupo 3-metoxi no anel azepina bem como um grupo 3-propargiloxi no isoxazolering.

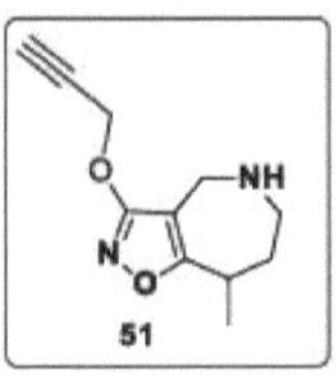

51

Kalwat *et.al,* [55] conceberam e sintetizaram alguns novos derivados híbridos (tiofen-2-il)-isoxazol como agentes antidiabéticos. Entre todos, o composto **52** apresentou uma atividade mais potente.

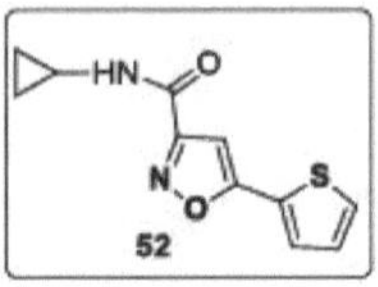

52

E. Rajanarendar *et.al,* [56] relataram "o método one-pot de três componentes para obter alguns novos compostos de arilmetilenobis-isoxazolo[4,5-b]piridina-N-óxido**.** Todas estas moléculas são depois estudadas quanto à atividade anticancerígena contra algumas linhas de células cancerígenas e à atividade anticancerígena in vivo contra os ratos portadores de EAC". De todos os derivados, o composto **53** demonstrou uma potência promissora em estudos de atividade anticancerígena.

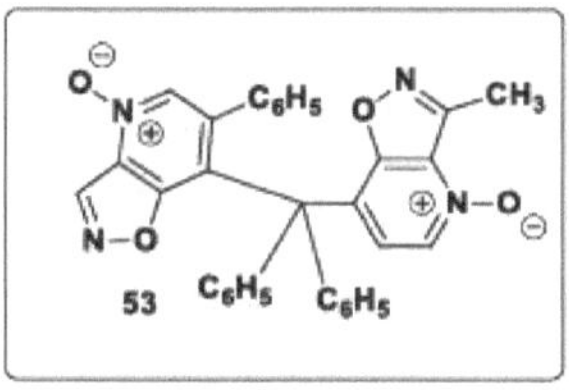

F. M. Guizal *et.al*, [57] conceberam e sintetizaram alguns isoxazóis novos que estão ligados a 4-(2-oxopirrolinidil-1)-tetra hidroquinolinas através do método de química de clique. Todas estas moléculas foram estudadas quanto à sua atividade anticancerígena em relação a três linhas de células cancerígenas A549, HepG2 e B16F10 e, de acordo com os resultados, os compostos **54-55** apresentaram o maior efeito citotóxico *in vitro*. Além disso, a via de morte ligada à citotoxicidade do análogo **55** apresentou caraterísticas necróticas seletivamente na linha de células tumorais e exibiu uma atividade melhorada em relação ao fármaco de referência (oxaliplatina), sem uma retenção importante sobre a viabilidade dos hepatócitos.

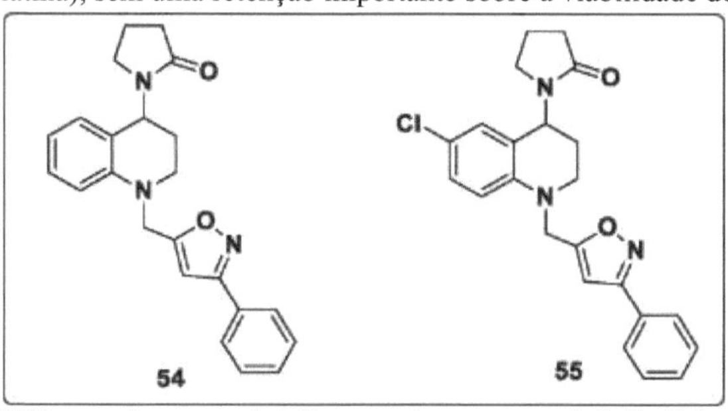

A. Kamal's *et.al,* [58] conceberam e sintetizaram alguns novos 3,5-diaril isoxazolina/isoxazol de 2,3-dihidro quinazolinonas e testaram a atividade anticancerígena. Entre todos, o composto **56** mostrou uma atividade mais potente. Além disso, algumas análises biológicas completas relativas às caraterísticas do ciclo celular e à atividade de despolimerização da tubulina foram examinadas para encontrar o modo de ação deste conjugado.

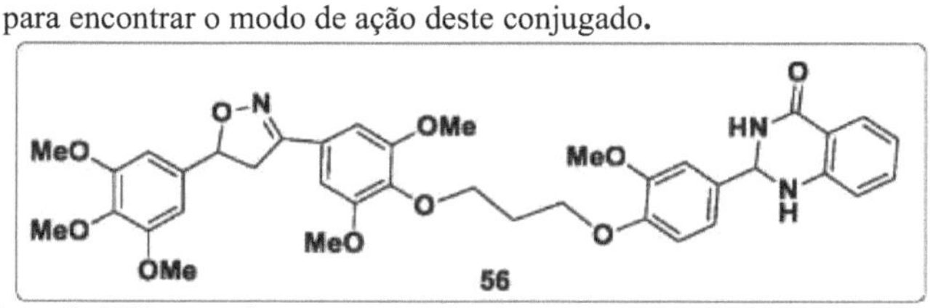

A. Bargiotti *et.al*, [59] conceberam e sintetizaram uma nova família de compostos 3-aril-nafto[2,3ed]isoxazol-4,9-diona. Posteriormente, todas as moléculas foram analisadas quanto à eficácia da ligação à Hsp90 e ao seu impacto na expressão das proteínas clientes da Hsp90 em algumas linhas celulares de tumores humanos. Entre todos, os compostos **5758** regularam negativamente as proteínas clientes da Hsp90 EGFR, Akt, Raf-1, Cdk4 e sobreviventes e regularam positivamente a Hsp70. Em particular, os compostos alquilados de 3-piridil exibiram uma potente atividade antitumoral em concentrações de nM. Os resultados iniciais revelaram a atividade in vivo do composto xx no modelo de carcinoma epitelial humano A431 que surge como xenoenxerto tumoral em ratos nus, ajudando assim a possibilidade terapêutica destes actuais inibidores da Hsp90.

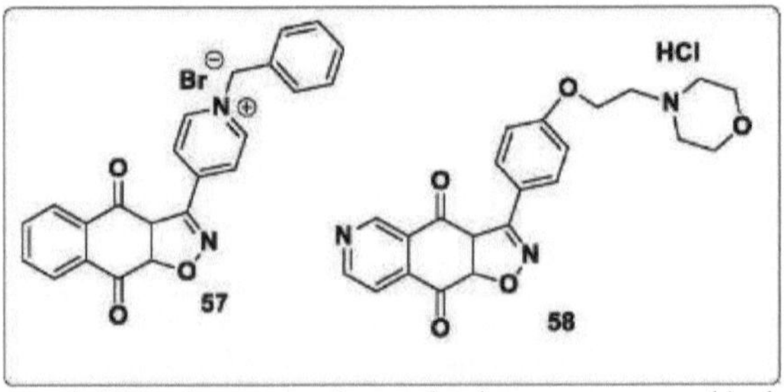

P. SambasivaRao *et.al*, [60] relataram a síntese de algumas novas moléculas híbridas 5- (3-alquilquinolin-2-il) -3-aril isoxazol e testaram a atividade anticâncer em relação a A549, MDA-MB 231, COLO 205 e PC-3. Entre eles, o composto **59** mostrou atividade mais potente contra todas as linhas celulares que tem valores de IC_{50} de <12 µ**M.**

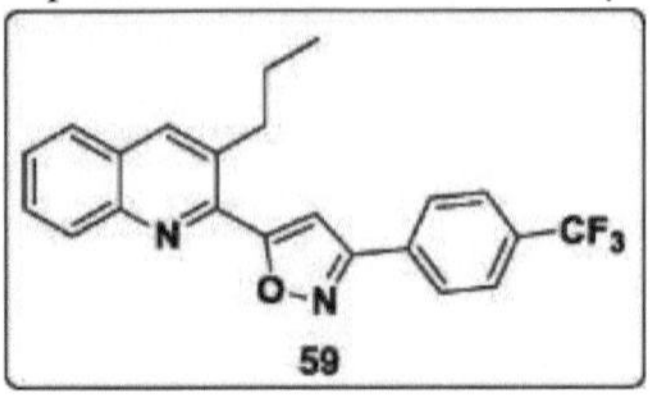

Referências

1. Kolb, H. C., & Sharpless, K. B. (2003). O impacto crescente da química de cliques na descoberta de medicamentos. *Drug discovery today*, Vol. 8, No. 24, 1128-1137.

2. Whiting, M., Muldoon, J., Lin, Y. C., Silverman, S. M., Lindstrom, W., Olson, A. J., & Fokin, V. V. (2006). Inibidores da protease do HIV-1 utilizando a química de clique in situ. *Angewandte Chemie*, Vol.1189, No. 1463-1467.

3. Bozorov, K., Zhao, J., & Aisa, H. A. (2019). Híbridos contendo 1, 2, 3-triazol como pistas em química medicinal: Uma visão geral recente. *Química bioorgânica e medicinal*, Vol. 27, No.16, 3511-3531.

4. Dheer, D., Singh, V., & Shankar, R. (2017). Atributos medicinais de 1, 2, 3- triazóis: Desenvolvimentos actuais. *Bioorganic chemistry*, Vol. 71, No. 30-54.

5. Agalave, S. G., Maujan, S. R., & Pore, V. S. (2011). Clique em química: 1, 2, 3- triazóis como farmacóforos. *Chemistry-An Asian Journal,* Vol. 6, No. 10, 2696-2718.

6. Speers, A. E., Adam, G. C., & Cravatt, B. F. (2003). Activity-based protein profiling in vivo using a copper (i)-catalyzed azide-alkyne [3+ 2] cycloaddition. *Journal of the American Chemical Society*, Vol. 125, No.16, 4686-4687.

7. Lutz, J. F. (2007). 1, 3-Dipolar cycloadditions of azides and alkynes: a universal ligation tool in polymer and materials science. *Angewandte Chemie International Edition*, Vol. 46, No.7, 1018-1025.

8. Meldal, M., & TornOe, C. W. (2008). Ciclodição azida-alquina catalisada por Cu. *Chemical reviews*, Vol. 108, No. 8, 2952-3015.

9. Gramlich, P. M., Wirges, C. T., Manetto, A., & Carell, T. (2008). Modificação pós-sintética do ADN através da Reação de Cicloadição Azida-Alquino catalisada por Cobre. *Angewandte Chemie International Edition*, Vol. 47, No. 44, 83508358.

10. Hein, J. E., & Fokin, V. V. (2010). Cicloadição azida-alquina catalisada por cobre (CuAAC) e mais além: nova reatividade dos acetilídeos de cobre (I). *Chemical Society Reviews*, Vol. 39, No. 4, 1302-1315.

11. Wender, P. H. Handy, S. T. e Wright, e D. L.,(1997) *Chem Ind,* Vol. 19, No. 768.

12. Kolb, H. C., Finn, M. G., & Sharpless, K. B. (2001). Química de cliques: função química diversa a partir de algumas boas reacções. *Angewandte Chemie International Edition*, Vol. 40, No. 11, 2004-2021.

13. Himo, F., Lovell, T., Hilgraf, R., Rostovtsev, V. V., Noodleman, L., Sharpless, K. B., & Fokin, V. V. (2005). Síntese catalisada por cobre (I) de azóis. O estudo DFT prevê reatividade e intermediários sem precedentes. *Journal of the American Chemical Society*, Vol. 127, No. 1, 210-216.

14. Chen, Z., Yan, Q., Liu, Z., & Zhang, Y. (2014). Formação de ligações C-N e N-N sem metal: Síntese de 1, 2, 3-Triazoles a partir de cetonas, N-Tosil-hidrazinas e Aminas em um pote. *Chemistry-A European Journal*, Vol. 20, No. 52, 1763517639.

15. Danence, L. J. T., Gao, Y., Li, M., Huang, Y., & Wang, J. (2011). Reacções de Cicloadição Enamida-Azida Organocatalíticas: Síntese regiospecífica de 1, 4, 5-Trisubstituído-1, 2, 3-Triazoles. *Chemistry-A European Journal*, Vol. 17, No. 13, 3584-3587.

16. Ramachary, D. B., Shashank, A. B., & Karthik, S. (2014). Uma cicloadição organocatalítica de azida-aldeído [3 + 2]: Síntese regiosselectiva de alto rendimento de 1, 4-Disubstituído 1, 2, 3-Triazoles. *Angewandte Chemie International Edition*, Vol. 53, No.39, 10420-10424.

17. Shashank, A. B., Karthik, S., Madhavachary, R., & Ramachary, D. B. (2014). Um Enolato- Mediado Organocatalítico Azida-Cetona [3 + 2] - Reação de Cicloadição: Síntese regiosselectiva de alto rendimento de 1, 2, 3- triazóis totalmente decorados. *Chemistry-A European Journal*, Vol. 20, No. 51, 16877-16881.
18. Ackermann, L. Ruben, V. e Robert, B.,(2008) *Adv Synth Catal*, Vol. 350, No. 741.
19. Banday, A. H., & Hruby, V. J. (2014). N / C-heterociclização regiosseletiva de brometo de alenilíndio em azidas de arila: Síntese one-pot de 5-metil-1, 2, 3- triazóis. *Synlett*, Vol. 25, No. 13, 1859-1862.
20. Barluenga, J., Valdés, C., Beltrán, G., Escribano, M., & Aznar, F. (2006). Desenvolvimentos na catálise de Pd: Síntese de 1H-1, 2, 3-Triazoles a partir de Azida de Sódio e Brometos de Alquenilo. *Angewandte Chemie*, Vol. 11841, No. 7047-7050.
21. Narasimha, S., Kumar, N. S., Swamy, B. K., Reddy, N. V., Hussain, S. A., & Rao, M. S. (2016). Ácido indole-2-carboxílico derivado de mono e bis 1, 4- dissubstituído 1, 2, 3- triazóis: síntese, caraterização e avaliação das atividades anticâncer, antibacteriana e de clivagem de DNA. *Bioorganic & medicinal chemistry letters*, Vol. 26, No. 6, 1639-1644.
22. Mahdavi, M. Ashtari, A.Khoshneviszadeh, M. Ranjbar, S.Dehghani, A. Akbarzadeh, T.Larijani, B.Khoshneviszadeh, M. andSaeedi, M., (2018) *Chemical Biodiversity*, Vol. 5, 1800120.
23. Sucharitha, E. R., Krishna, T. M., Manchal, R., Ramesh, G., & Narasimha, S. (2021). Híbridos de benzo [1, 3] tiazina-1, 2, 3-triazol fundidos: Síntese de um pote assistida por micro-ondas, antibacteriano in vitro, antibiofilme e estudos ADME in silico. *Bioorganic & Medicinal Chemistry Letters*, Vol. 128, No. 201.
24. Sahay, I. I., & Ghalsasi, P. S. (2017). Síntese de novas moléculas de benzimidazol ligadas a 1, 2, 3-triazol como agentes anti-proliferativos. *Comunicações sintéticas*, Vol. 47, No. 8, 825-834.
25. Narasimha, S., Battula, K. S., Reddy, Y. N., & Nagavelli, V. R. (2018). Formação de ligação C-C catalisada por Cu assistida por micro-ondas: síntese one-pot de 1, 2, 3-triazóis totalmente substituídos usando iodoalcinos não simétricos e sua avaliação biológica. *Química de Compostos Heterocíclicos*, Vol. 54, No.12, 1161-1167.
26. Andrade, P. D., Fraga Dias, A. D., Figueiró, F., Torres, F. C., Kawano, D. F., Oliveira Battastini, A. M., & Campos, J. M. (2020). Derivados de 2- mercaptobenzimidazol ligados a 1, 2, 3-triazol: desenho, síntese e avaliação molecular em relação à linha celular de glioma C6. *Química medicinal futura*, Vol. 12, No. 8, 689708.
27. kumar Thatipamula, R., Narasimha, S., Battula, K., Chary, V. R., Mamidala, E., & Reddy, N. V. (2017). Síntese, avaliação anticâncer e antibacteriana de novos híbridos de triazol (isopropilideno) uridina- [1, 2, 3]. Jornal da Sociedade Saudita de Química, Vol. 21, No. 7, 795-802.
28. White, A. D. Purchase, C. F. Picard, J. A. Anderson, M. K. Bak Mueller, S.Bocan, T. M. A.Bousley, R. F. Katherine, L. H. Brian, R.K. Peter Lee, R. L. S. e James, F. R., (1996) *Journal of Medicinal Chemistry*,Vol. 39, 3908.
29. Narasimha, S., Nukala, S. K., Savitha Jyostna, T., Ravinder, M., Srinivasa Rao, M., & Vasudeva Reddy, N. (2020). Síntese de um pote e avaliação biológica de novos derivados de 4- [3-fluoro-4- (morfolin-4-il)] fenil-1 H-1, 2, 3-triazol como potentes agentes antibacterianos e anticâncer. *Journal of Heterocyclic Chemistry*, Vol. 57, No. 4, 1655-1665.
30. Fray, M. J., Bull, D. J., Carr, C. L., Gautier, E. C., Mowbray, C. E., & Stobie, A. (2001). Relações estrutura-atividade de 1, 4-dihidro- (1H, 4H) -quinoxalina-2, 3-dionas como

antagonistas do recetor de N-metil-d-aspartato (local da glicina). 1. Derivados heterocíclicos substituídos de 5-alquilo. *Jornal de química medicinal*, Vol. 44, No. 12, 1951-1962.
31. Djemoui, A., Naouri, A., Ouahrani, M. R., Djemoui, D., Lahcene, S., Lahrech, M. B.,& Silva, A. M. (2020). Uma síntese passo a passo de híbridos triazol-benzimidazol-chalcona: Atividade anticancerígena em células humanas+. Jornal de Estrutura Molecular, Vol.1204, No. 127487.
32. Nagavelli, V. R., Nukala, S. K., Narasimha, S., Battula, K. S., Tangeda, S. J., & Reddy, Y. N. (2016). Síntese, caraterização e avaliação biológica de 7- substituídos-4-((1-aril-1H-1, 2, 3-triazol-4-il) metil)-2H-benzo [b][1, 4] oxazin-3 (4H)-onas como agentes anticancerígenos. *Pesquisa em Química Medicinal*, Vol. 25, No. 9, 1781-1793.
33. Gill, C., Jadhav, G., Shaikh, M., Kale, R., Ghawalkar, A., Nagargoje, D., & Shiradkar, M. (2008). Clubbed [1, 2, 3] triazoles by fluorine benzimidazole: a novel approach to H37Rv inhibitors as a potential treatment for tuberculosis. *Bioorganic & Medicinal Chemistry Letters*, Vol. 18, No. 23, 6244-6247.
34. Narasimha, S., Battula, K. S., Nukala, S. K., Gondru, R., Reddy, Y. N., & Nagavelli, V. R. (2016). Síntese one-pot de derivados de benzoxazino [1, 2, 3] triazolil [4, 5-c] quinolinona fundidos e sua atividade anticâncer. *RSC avança*, Vol. 6, No. 78, 74332-74339.
35. Qiao, Y. F., Okazaki, T., Ando, T., Mizoue, K., Kondo, K., Eguchi, T., & Kakinuma, K. (1998). Isolamento e caraterização de um novo antibiótico pirano [4', 3 ': 6, 7] nafto [1, 2-b] xanteno FD-594. *The Journal of antibiotics*, Vol. 51, No. 3, 282-287.
36. Bollu, R., Palem, J. D., Bantu, R., Guguloth, V., Nagarapu, L., Polepalli, S., & Jain, N. (2015). Projeto racional, síntese e avaliação anti-proliferativa de novos híbridos de 1, 4-benzoxazina- [1, 2, 3] triazol. *Revista europeia de química medicinal*, Vol. 89, No. 138-146.
37. Kamal, A., Prabhakar, S., Ramaiah, M. J., Reddy, P. V., Reddy, C. R., Mallareddy, A.,& Pal-Bhadra, M. (2011). Síntese e atividade anticancerígena de conjugados de chalcona-pirrolobenzodiazepina ligados através do anel 1, 2, 3-triazol com espaçadores de alcano. *Jornal Europeu de Química Medicinal*, Vol. 46, No. 9, 3820-3831.
38. Hu, F., & Szostak, M. (2015). Desenvolvimentos recentes na síntese e reatividade de isoxazóis: catálise de metal e além. *Advanced Synthesis & Catalysis*, Vol. 357, No. 12, 2583-2614.
39. Li, J. J. e Corey, E. J., *Claisen Isoxazole Synthesis in Name Reactions in Heterocyclic Chemistry*, Wiley & Sons: Hoboken, NJ, (2005) 220.
40. You, Z. H., Chen, Y. H., Tang, Y., & Liu, Y. K. (2018). Síntese assimétrica organocatalítica de compostos heterocíclicos com ponte espiral e fundidos com espiral contendo porções de cromano, indol e oxindole. Cartas orgânicas, Vol. 20, No. 21, 6682-6686.
41. Himo, F., Lovell, T., Hilgraf, R., Rostovtsev, V. V., Noodleman, L., Sharpless, K. B., & Fokin, V. V. (2005). Síntese catalisada por cobre (I) de azóis. O estudo DFT prevê reatividade e intermediários sem precedentes. *Journal of the American Chemical Society*, Vol. 127, No. 1, 210-216.
42. Kankala, S., Vadde, R., & Vasam, C. S. (2011). Reacções de cicloadição 1, 3-dipolar catalisadas por carbenos N-heterocíclicos: uma síntese fácil de isoxazóis 3, 5-di e 3, 4, 5-trissubstituídos. *Organic & biomolecular chemistry*, Vol. 9, No. 22, 7869-7876.
43. Ueda, M., Ikeda, Y., Sato, A., Ito, Y., Kakiuchi, M., Shono, H., ... & Miyata, O. (2011). Síntese catalisada por prata de isoxazóis dissubstituídos por ciclização de éteres de alquinil oxima. *Tetrahedron*, Vol. 67 No. 25, 4612-4615.

44. Ahmed, M., Kobayashi, K., & Mori, A. (2005). Construção one-pot de pirazóis e isoxazóis com acoplamento de quatro componentes catalisado por paládio. *Organic Letters*, Vol. 7, No. 20, 4487-4489.
45. FrOlund, B., Jensen, L. S., Storustovu, S. I., StensbOl, T. B., Ebert, B., Kehler, J., & Liljefors, T. (2007). 4-Aryl-5-(4-piperidyl)-3-isoxazolol GABAA antagonists: synthesis, pharmacology, and structure- activity relationships. *Journal of medicinal chemistry*, Vol. 50, No. 8, 1988-1992.
46. Ryng, S., Zimecki, M., Maczynski, M., Chodaczek, G., & Kociêba, M. (2005). Atividade imunossupressora de um isoxazolo [5, 4-e] triazepina-Composto RM33. I. Efeitos sobre a resposta imunitária humoral e celular em ratinhos. *Pharmacol Rep*, Vol. 57, No. 195-202.
47. Batra, S., Srinivasan, T., Rastogi, S. K., Kundu, B., Patra, A., Bhaduri, A. P., & Dixit, M. (2002). Síntese combinatória e avaliação biológica de bibliotecas à base de isoxazol como agentes antitrombóticos. *Bioorganic & medicinal chemistry letters*, Vol. 12, No. 15, 1905-1908.
48. Poma, P., Notarbartolo, M., Labbozzetta, M., Maurici, A., Carina, V., Alaimo, A., & D'Alessandro, N. (2007). As actividades antitumorais da curcumina e do seu análogo isoxazol não são afectadas por alterações múltiplas da expressão genética num modelo MDR da linha celular de cancro da mama MCF-7: análise da possível base molecular. *Revista internacional de medicina molecular*, Vol. 20, No. 3, 329-335.
49. Tohid, S. F. M., Ziedan, N. I., Stefanelli, F., Fogli, S., & Westwell, A. D. (2012). Síntese e avaliação de 3, 5-diarilisoxazóis contendo indol como potenciais agentes antitumorais pró-apoptóticos. *Revista europeia de química medicinal*, Vol. 56, No. 263-270.
50. Lepage, F., Tombret, F., Cuvier, G., Marivain, A., & Gillardin, J. M. (1992). New N-aryl isoxazolecarboxamides and N-isoxazolylbenzamides as anticonvulsant agents. *Revista Europeia de Química Medicinal*, Vol. 27, No. 6, 581-593.
51. Carr, J. B., Durham, H. G., & Hass, D. K. (1977). Isoxazole anthelmintics. *Journal of medicinal chemistry*, Vol. 20, No.7, 934-939.
52. Pedada, S. R., Yarla, N. S., Tambade, P. J., Dhananjaya, B. L., Bishayee, A., Arunasree, K. M., ... & Rangaiah, G. (2016). Síntese de novos derivados de isoxazol contendo indol secretor de fosfolipase A2-inibitório como agentes antiinflamatórios e anticancerígenos. *Revista europeia de química medicinal*, Vol. 112, No. 289-297.
53. Silva, N. M., Tributino, J. L., Miranda, A. L., Barreiro, E. J., & Fraga, C. A. (2002). Novos derivados de isoxazol concebidos como candidatos a ligantes do recetor nicotínico de acetilcolina. *European journal of medicinal chemistry*, Vol. 37, No. 2, 163-170.
54. Lenz, S. M., Meier, E., Pedersen, H., Frederiksen, K., BOgesO, K. P., & Krogsgaard-Larsen, P. (1995). Agonistas muscarínicos. Sínteses e relações estrutura-atividade de bioisósteres de ésteres de isoxazol bicíclicos de norarecolina. *Revista Europeia de Química Medicinal*, Vol. 30, No. 4, 263-270.
55. Kalwat, M. A., Huang, Z., Wichaidit, C., McGlynn, K., Earnest, S., Savoia, C., ... & Cobb, M. H. (2016). O isoxazol altera os metabólitos e a expressão gênica, diminuindo a proliferação e promovendo um fenótipo neuroendócrino nas células ß. *ACS chemical biology*, Vol. 11, No. 4, 1128-1136.
56. Rajanarendar, E., Raju, S., Reddy, M. N., Krishna, S. R., Kiran, L. H., Reddy, A. R. N., & Reddy, Y. N. (2012). Síntese multicomponente e atividade anticancerígena in vitro e in vivo de novos bis-isoxazolo [4, 5-b] piridina- N-óxidos de arilmetileno. *Revista Europeia de Química Medicinal*, Vol. 50, , No. 274-279.

57. Güiza, F. M., Duarte, Y. B., Mendez-Sanchez, S. C., & Bohórquez, A. R. R. (2019). Síntese e avaliação in vitro de híbridos de tetrahidroquinolina-isoxazol substituídos como agentes anticâncer. *Pesquisa em Química Medicinal*, Vol. 28, No. 8, 1182-1196.
58. Kamal, A., Bharathi, E. V., Reddy, J. S., Ramaiah, M. J., Dastagiri, D., Reddy, M. K., & Bhadra, M. P. (2011). Síntese e avaliação biológica de híbridos de 3, 5-diaril isoxazolina / isoxazol ligados a 2, 3-dihidroquinazolinona como agentes anticancerígenos. *European Journal of Medicinal Chemistry*, Vol. 46, No. 2, 691-703.
59. Bargiotti, A., Musso, L., Dallavalle, S., Merlini, L., Gallo, G., Ciacci, A., & Zunino, F. (2012). Isoxazolo (aza) naftoquinonas: Uma nova classe de inibidores citotóxicos de Hsp90. *Revista europeia de química medicinal*, Vol. 53, No. 64-75.
60. Rao, P. S., Kurumurthy, C., Veeraswamy, B., Poornachandra, Y., Kumar, C. G., & Narsaiah, B. (2014). Síntese de novos derivados de isoxazol 5- (3-alquilquinolina-2-il) -3-aril e sua atividade citotóxica. *Bioorganic & medicinal chemistry letters*, Vol. 24, No. 5, 1349-1351.

CAPÍTULO II

Síntese de híbridos de tiazolidina-carbazol ligados a 1,2,3-híbridos de triazol

2.1: Introdução

O carbazol é um composto aromático heterocíclico (tricíclico) com azoto. O esqueleto do carbazol é constituído por dois anéis de benzeno fundidos em ambos os lados com um anel de cinco membros contendo azoto (**1**).

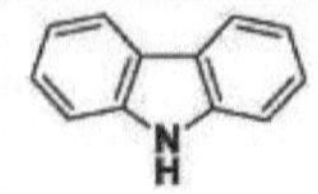

(1)

O carbazol e os seus compostos híbridos foram considerados como um tipo muito significativo de compostos heterocíclicos contendo azoto que são abundantes na natureza. A fração carbazol é constituinte de um grande número de substâncias biologicamente activas naturais, como a murrayafolina e as carbazomicinas. Numerosos compostos de carbazol, como os oxazinocarbazóis, os benzocarbazóis, os piridocarbazóis, os tetrahidrocarbazóis, os furocarbazóis, os pirrolocarbazóis, os oxazolinilcarbazóis, os indolocarbazóis, os tionocarbazóis imidazocarbazóis, tiazolocarbazóis, benzofurano-carbazóis, benzopirano-carbazóis e carbazóis N-substituídos foram preparados e são bem conhecidos pelas suas actividades biológicas. Foram efectuados muitos estudos centrados no anel carbazol devido à sua vasta aplicabilidade. Por conseguinte, os compostos à base de carbazol são candidatos a fármacos notáveis para o tratamento de várias doenças. A estrutura do carbazol exibe várias actividades farmacológicas que incluem propriedades anticancerígenas, anti-VIH, antifúngicas, anti-tuberculosas, antibacterianas, anti-histamínicas, anti-inflamatórias, antioxidantes, hepatoprotectoras, antiprotozoárias, anti-epilépticas e sedativas [1, 2]. Devido às suas propriedades fluorescentes, o grupo carbazol é uma parte fundamental de muitos compostos utilizados em eletrónica para a produção de materiais electroluminescentes.

O andaime de carbazol contendo moléculas actua como um intermediário importante para a síntese de muitos derivados e é também um dos melhores materiais heterocíclicos de partida para a conceção de novos fármacos. Os derivados à base de carbazol apresentam diferentes propriedades biológicas interessantes devido à presença de uma melhor fração farmacofórica. Existem vários fármacos à base de carbazol comercialmente disponíveis no mercado, como o alectinib, a ollivacina, a elipticina, o datelliptium e o celiptium (**Fig. 4.1**).

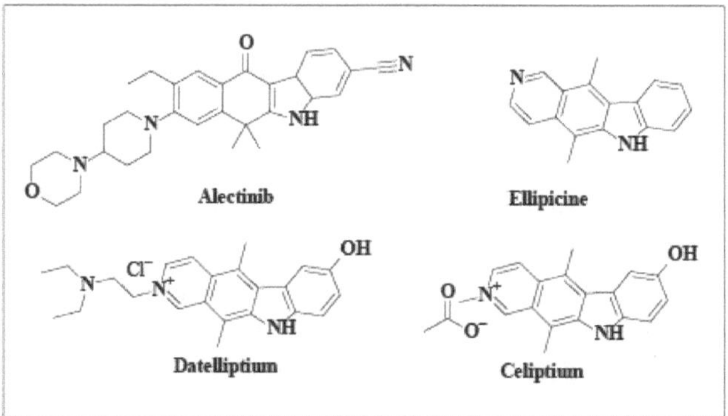

Fig. 2.1: Medicamentos disponíveis no mercado que contêm carbazol

2.2: Breve revisão da literatura sobre a atividade anticancerígena dos derivados de carbazol

A elipticina (**Fig. 2.1**) foi o primeiro composto de chumbo retirado das folhas de Ochrosia elliptica (Apocynacae) em 1959. Mais tarde, foi modificado em sal de acetato e designado celiptium (**Fig. 1**), que tem sido utilizado no tratamento do cancro da mama metastático desde 1982. De acordo com os relatórios de investigação, o celiptium actua inibindo a topoisomerase II do ADN humano [3]. Uma nova molécula, 7-(6-bromo-1,4-dimetil-9H-carbazol-9-il)heptano-1-tiol (**2**), foi também comunicada como agente anticancerígeno com boa atividade [4].

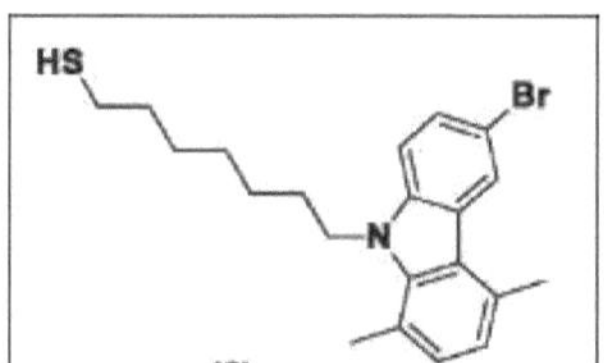
(2)

O outro derivado foi desenvolvido e designado por alectinib com uma molécula de 5H-benzo[b]carbazol-11(6H)-ona (**Fig. 1**). Este fármaco foi aprovado pela FDA em 2015 e é um fármaco disponível por via oral [5]. O outro fármaco midostaurina (**3**) foi aprovado pela FDA em 2017 e é conhecido como o primeiro "inibidor da tirosina quinase 3 semelhante a fms" [6].

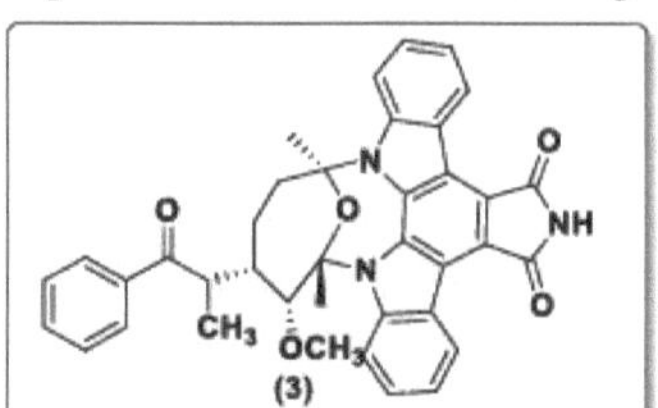
(3)

Akhil R. Chakravarty *et.al.* [7] demonstraram a síntese do complexo de ferrocenil platina (II) [Pt(Fc-tpy)(NPC)]Cl (HNPC=N-propargylcarbazole) e a atividade anticancerígena contra linhas celulares HaCaT (queratinócito humano). A molécula **4** mostrou fotocitotoxicidade notável nas linhas celulares HaCaT com um valor IC50 de 12,0 μM na luz visível (400-700 nm) com baixa toxicidade no escuro (IC50> 60 μM).

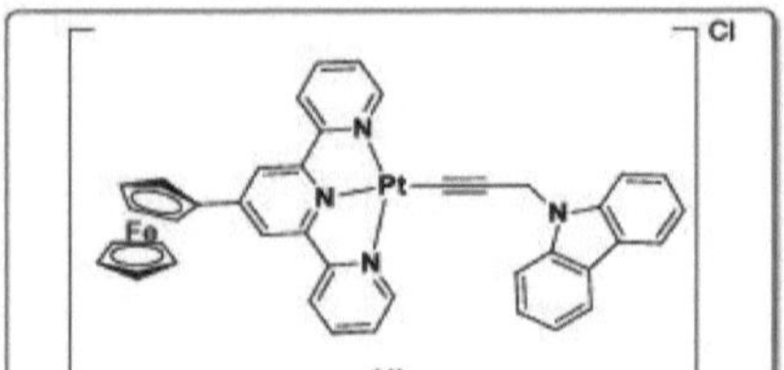

(4)

Sunder Kumar Kolli *et.al*, [8] relataram a síntese de carbazóis N-acilados e analisaram as suas actividades anticancerígenas contra linhas celulares CAL 27. Os valores IC50 do composto mais potente (5-bromo-2-clorofenil)(9H-fluoren-9-il)metanona (**5**) e (2,5-diclorofenil)(9H-fluoren-9-il)metanona (**6**) foram 0,028 e 0,45 μM, respetivamente.

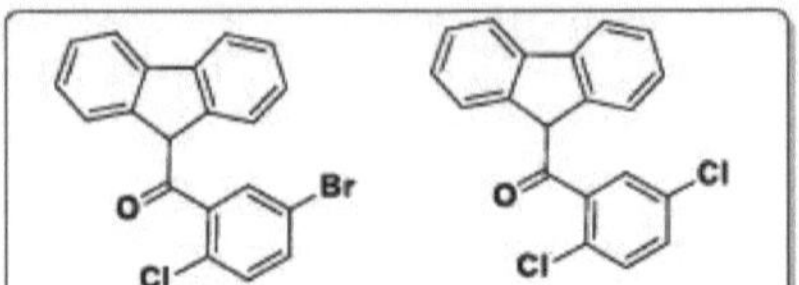

(5) **(6)**

Shrungesh Kumar *et.al*, [9] descreveram a síntese de tetra-hidrocarbazóis como agentes anticancerígenos que foram testados contra seis linhas celulares diferentes que incluem carcinoma do pâncreas (Panc1), carcinoma do pulmão (GIII e Calu1), adenocarcinoma do rim humano (ACHN), carcinoma do pulmão de células não pequenas (H460), epitélio normal da mama (MCF10A) e linhas celulares do carcinoma do cólon humano (HCT116). Entre todos os derivados, o composto 6-metil-2,3, 4, 4a, 9, 9a-hexahidro-1H-carbazole (7) foi considerado o mais ativo contra a linha celular Calu1 (IC50 de 2,5 nM)

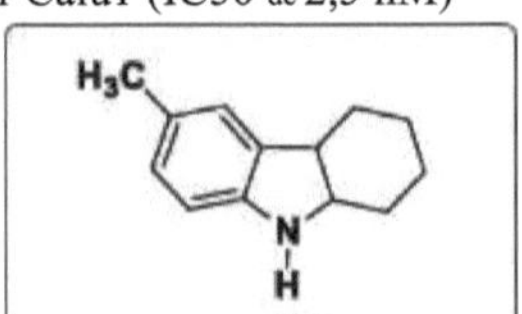

(7)

O composto (E)-N-{3-[3-(9-metil-9H-carbazol-3-yl)acryloyl]}cyclopropane carboxamide (**8**) e derivados relacionados foram sintetizados por Bandgar *et al.*, [10] e são rastreados quanto à sua atividade inibidora in vitro da tirosinase, xantina oxidase e produção de melanina. Notavelmente, o composto **8** (com anel ciclopropílico) foi eficaz na inibição da xantina oxidase com um IC50 4,3 μM.

A BMVC (**9**) foi a nova molécula fluorescente comunicada por Ya-Shuan Chou *et.al*, [11] que era bem conhecida pelas suas caraterísticas como (i) suprimir a telomerase (ii) para estimular a senescência das células cancerosas e (iii) para eliminar a atividade intra-

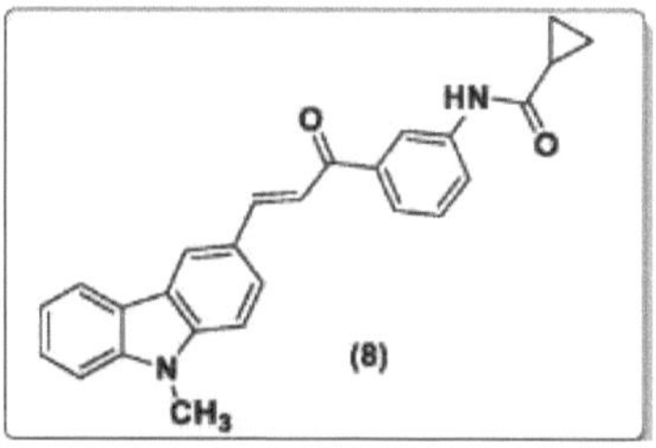

(8)

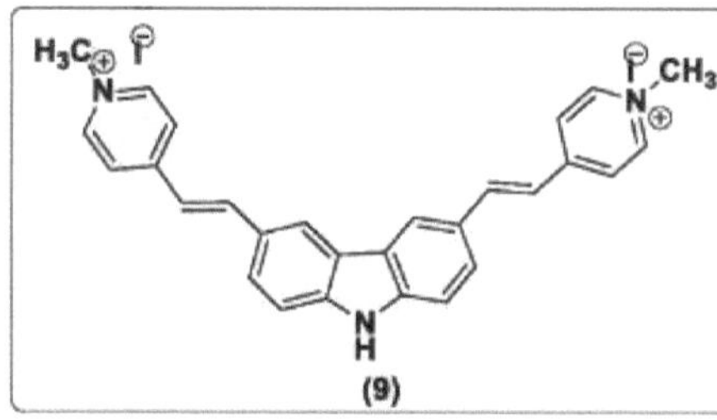

(9)

vasculatura do tumor. Devido às propriedades fluorescentes desta molécula, foi possível conceber um fotossensibilizador para o tratamento por terapia fotodinâmica. Os resultados da terapia fotodinâmica mostraram que o composto **9** inibiu o crescimento de células tumorais tanto in vitro como in vivo.

Carla S Francisco *et.al,* [12] relataram a síntese de compostos derivados de benzopsoraleno e analisaram a sua atividade anticancerígena contra as linhas celulares MDA MB231 (carcinoma da mama) e TCCSUP (carcinoma das células da bexiga urinária) e o seu mecanismo de ação foi investigado através de estudos de acoplamento molecular. Entre os diferentes derivados de carbazol, o composto (E)-etil 3-(3-hidroxi-9H-carbazol-9-il)acrilato (**10**) exibiu uma forte atividade contra as linhas celulares MDA MB231 e TCCSUP (com valores de Gl50 de 0,198 e 0,025 μM, respetivamente).

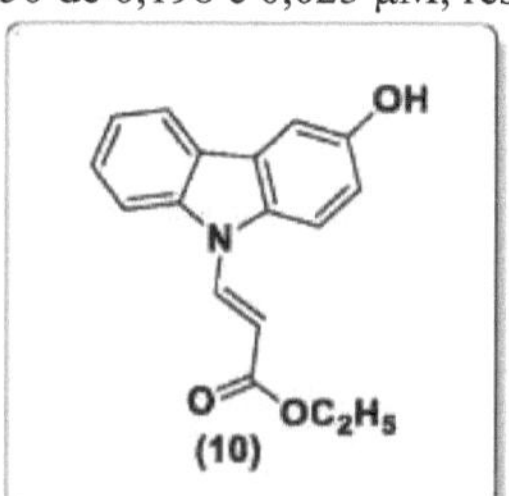

(10)

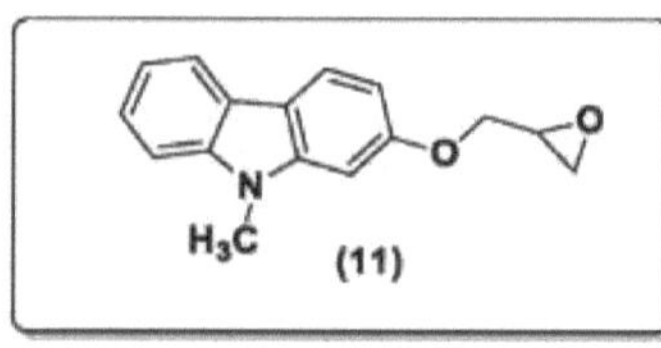

(11)

O derivado de carbazol 9-metil-2- (oxiran-2-ilmetoxi) -9H-carbazol (**11**) sintetizado por Yoon S *et.al*, [12] e testado contra linhas celulares de câncer de mama, onde exibiu uma atividade anticâncer promissora ao inibir a proliferação celular com IC50 vale de 5 μM.

Um alcaloide carbazol Murrayafoline A (**12**) isolado de Murraya euchrestifolia (Rutaceae) [13] e analisado quanto à sua citotoxicidade contra a linha celular de leucemia HL-60. O composto **12** mostrou uma interação importante com a via caspase-9/caspase-3, proeminente para a apoptose celular.

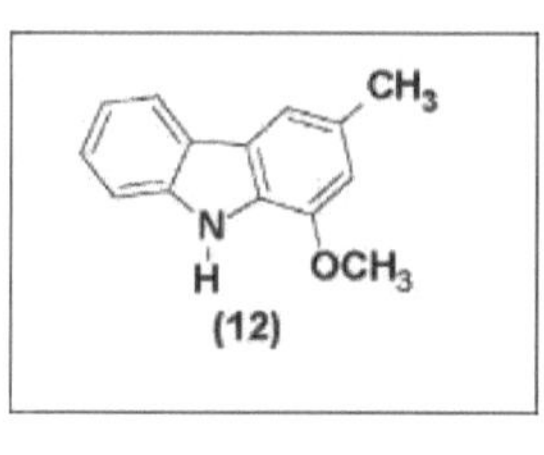

(12)

O composto 1-hidroxi-9H-carbazole-3-carboxilato de metilo (**13**) foi extraído de *Clausena vestita Tao* [14]. O composto é muito eficaz para parar o ciclo celular nas fases S e G2/M.

Actua inibindo a fosforilação da Ser-643 da proteína quinase C delta. Da mesma forma, demonstrou atividade inibidora contra glioblastoma, carcinoma cervical, cancro da mama independente de hormonas e linhas celulares de carcinoma nasofaríngeo e as concentrações inibitórias de 50% estão na gama de 13,6 a 71,6 micro molares.

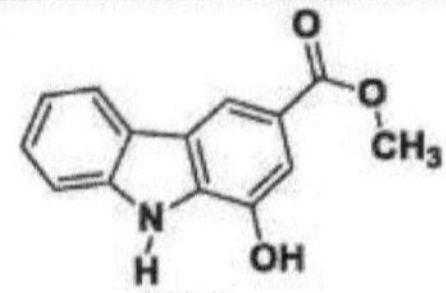

(13)

Saturnine C *et.al,* [15] relataram a síntese dos derivados de N-alquilcarbazol **14**, **15** e **16**, analisados quanto às suas actividades anticancerígenas. Os três compostos foram bem sucedidos na inibição da fosforilação de STAT3.

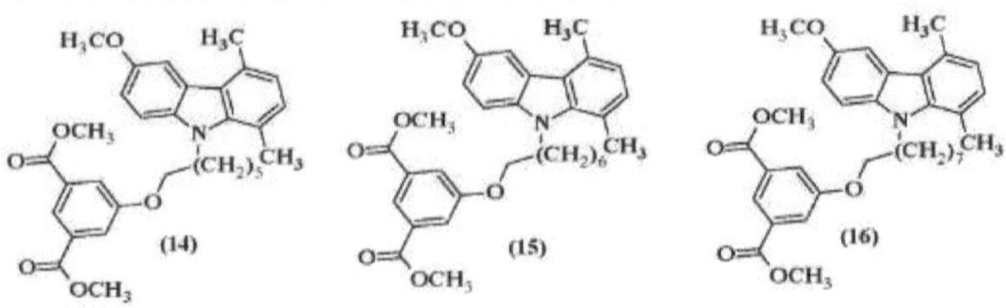

(14) (15) (16)

Wen-Wen Peng *et.al,* [16] extraíram um novo alcaloide carbazol, 2,8-dihidroxi-7-(3-metilbut-2-en-1-il)-9H-carbazol-3-carbaldeído (**17**; escavação A) dos caules e folhas de *Clausena excavata BURM* que pertence à família Rutaceae. Eles também examinaram esse alcaloide por suas atividades antiproliferativas, onde exibiu atividade significativa contra o carcinoma pulmonar A549 (1C5o = 17,77цM) e as linhas celulares de adenocarcinoma do colo do útero HeLa (IC5o= 6,47 μM).

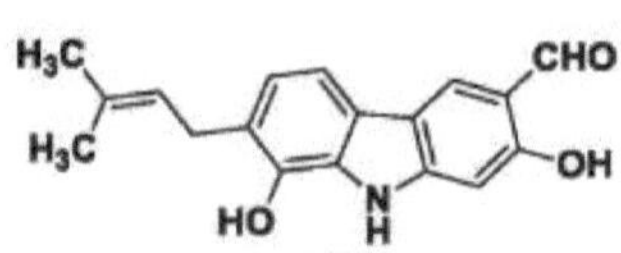

(17)

Um outro produto natural, o 3-formil-1',2-dihidroxi-7-metoxi-9H,9'H- [1,2'-bicarbazole]-3'-carboxilato de metilo(**18**) isolado das raízes de Clausenawallichii e analisado para as actividades antibacteriana e anticancerígena por Wisanu Maneerat *et al.*

[15]. O composto **18** mostrou uma atividade anticancerígena promissora contra o KB (com IC50=

10,2 μM) e contra a linha celular de cancro do pulmão de pequenas células NCI-H187 (com IC50=4,5 μM).

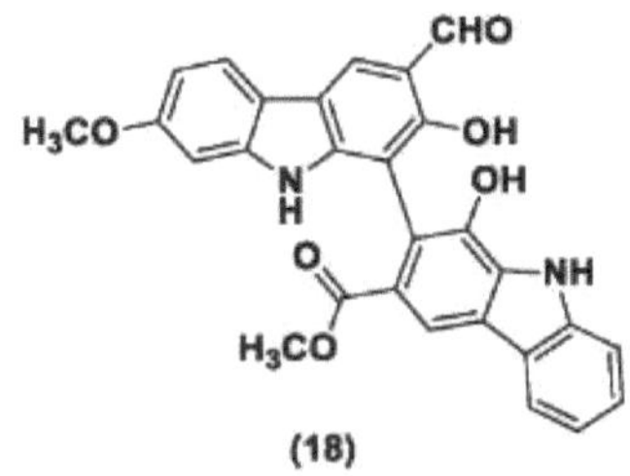

(18)

Os novos derivados de carbazol ligados ao grupo ditiocarbamato foram sintetizados por Halide Edip Temel *et.al*, [16]. Foram testados quanto à sua atividade citotóxica contra as linhas celulares de glioma C6 e de carcinoma do pulmão A549. O composto 2-((9-etil-9H-carbazol-3-il)amino)-2-oxoetil 4-(2-(dimetilamino)etil)piperazina-1-carboditioato (**19**) foi considerado o mais ativo contra a linha celular C6 (IC50 = 1 μM) e o composto 2-((9-etil-9H-carbazol-3-il)amino)-2-oxoetil 2-metilpiperidina-1-carboditioato (**20**)(com IC5o=62.7) e o 2-[(9-etil-9H-carbazol-3-il)amino]-2- oxoetil 4-metilpiperazina-1-carboditioato (**21**) (com IC9o 49,9uM)exibiram uma atividade notável contra a linha celular C6.

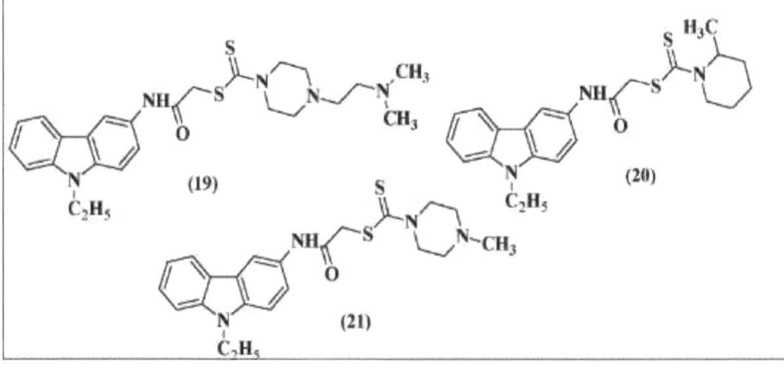

(19) (20) (21)

EHop-016 N4-(9-ethyl-9H-carbazol-3-yl)-N2-(3-morpholinopropyl)pyrimidine-2,4-diamina(**22**) foi o inibidor mais potente de Rac1 que reduziu a viabilidade das células cancerígenas metastáticas

A seguir, Cornelis P Vlaar *et.al*, [17] descobriu que o composto N-({2-[bis(morfolinometil)amino]piridina-3-il}metil)-9-etil-9H-carbazol-3-amina (**23**), que é um inibidor mais dominante de Rac1 do que o EHop-016.

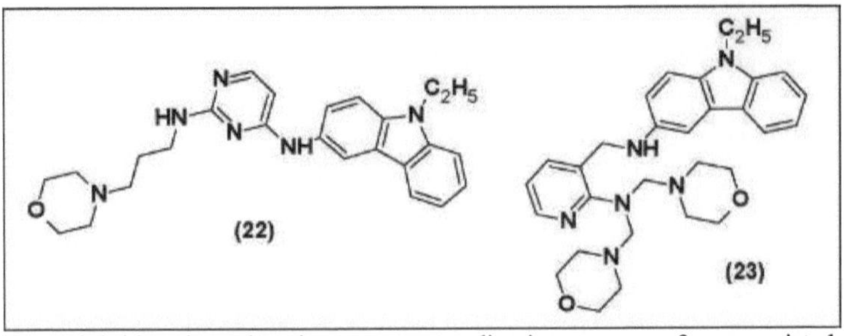

(22) (23)

Alguns novos híbridos de carbazol que possuem diamina *e outros* foram registados como inibidores da telomerase [18]. Por exemplo, a N3-(terc-butil)-N6-[(5-etil-1H-pirrol-2-il)metil]-9H-carbazole-3,6-diamina (**24**) e a N3-(terc-butil)-N6-[(5-metoxi-1H-pirrol-2-il)metil]-9H-carbazole-3,6-diamina (**25**) tiveram uma predominância de atividade de inibição da telomerase .

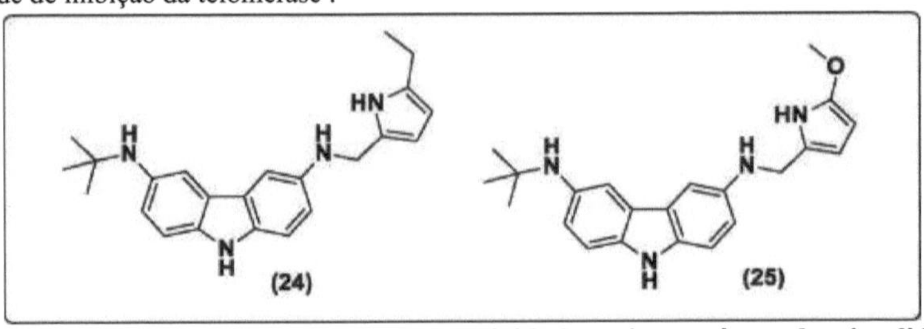

(24) (25)

2.3: Uma breve revisão da literatura sobre a atividade anticancerígena das tiazolidinas-2,4-dionas

Os compostos heterocíclicos e os seus derivados desempenham um papel crucial na terapia do cancro, tendo as tiazolidinas-2,4-dionas sido referidas como uma molécula potencial derivada de um sistema tiazólico de cinco membros, constituído por três átomos de carbono, um átomo de azoto e um átomo de enxofre com duas ligações duplas de oxigénio nas posições 2 e 4, que apresenta um interesse significativo em diversas áreas da química medicinal.

De acordo com os relatórios da literatura, as tiazolidinas-2,4-dionas foram um dos novos sistemas de anéis heterocíclicos com importância terapêutica e, quando combinadas com outros anéis heterocíclicos, produzem uma vasta gama de actividades biológicas, tais como actividades antidiabéticas [19], antioxidantes [20], antimicrobianas [21], anti-inflamatórias [22], anti-tuberculosas [23], anticonvulsivas [24] e citotóxicas [25].

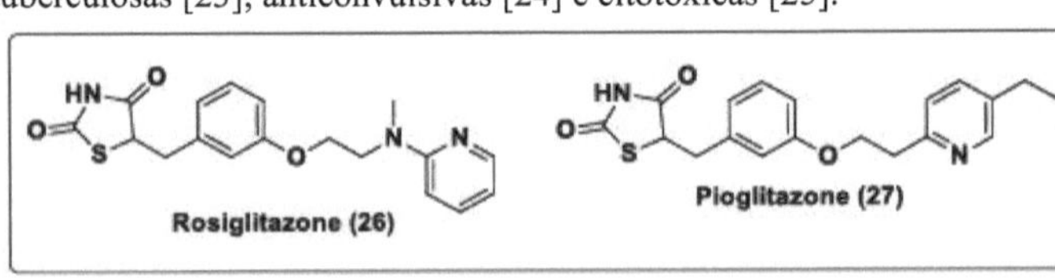

Rosiglitazone (26) Pioglitazone (27)

As tiazolidinas-2,4-dionas actuam como agonistas do recetor nuclear PPAR-γ. Há muito tempo que se sabe que estas moléculas sintéticas possuem propriedades anticancerígenas e foram realizados vários estudos para compreender o seu mecanismo de ação. O mecanismo responsável está principalmente relacionado com uma forma independente do PPAR-γ. A tiazolidina-2,4-diona ativa o PPARγ e é utilizada como medicamento antidiabético no tratamento da diabetes tipo 2. As tiazolidinas, como a rosiglitazona e a pioglitazona, são compostos sintéticos que se ligam e activam o PPARγ [26].

Romeo Romagnoli *et.al*, [27] relataram tiazolidina-2,4-dionas N-3-substituídas-5-arilideno, com a porção bromoacriloilamido no fenilo da porção arilideno. Os compostos (E)-2-bromo-N-[3-({2,4-dioxo-3-[4-(trifluorometil)benzil]tiazolidina-5-ilideno}metil)fenil]acrilamida (**28**), (E)-2- bromo-N-(3-{[3-(4-clorobenzil)-2,4-dioxtiazolidina-5-ilideno]metil} fenil)acrilamida (**29**) e a (E)-2-bromo-N-(3-{[3-(4-fluorobenzil)-2,4-dioxitiazolidina-5-ilideno]metil}fenil)acrilamida (**30**) apresentaram uma melhor atividade contra as células de leucemia mieloide humana HL-60 e U937, induzindo alterações morfológicas e fragmentação do ADN internucleossómico, que são caraterísticas bem conhecidas da apoptose.

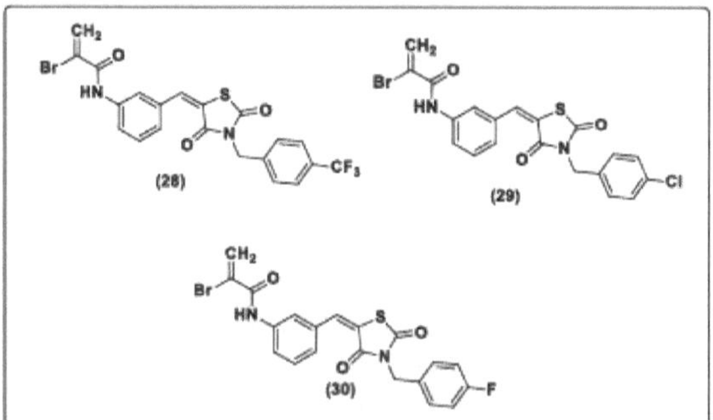

Hee Kim *et al.* [28] descreveram a propriedade anti-melanogénica da (Z)-5-(2,4 dihidroxibenzilideno)tiazolidina-2,4-diona (**31**), que actua através do aumento da expressão do gene da tirosinase através da via do GMPc.

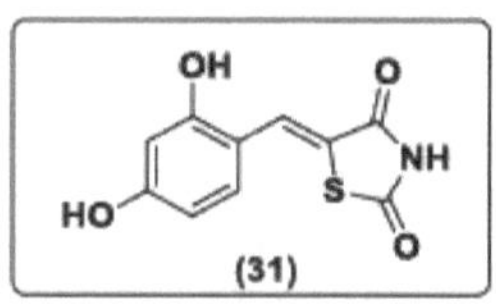

Mohammad Azizmohammadi [29] sintetizou uma série de novas (Z)-[(2H-cromen-3-il)metileno]azolidinonas com estruturas de tiazolidina-2,4-diona (**32**), hidratação ou rodanina como potenciais agentes anticancerígenos.

Em que X=O,N; Y=S

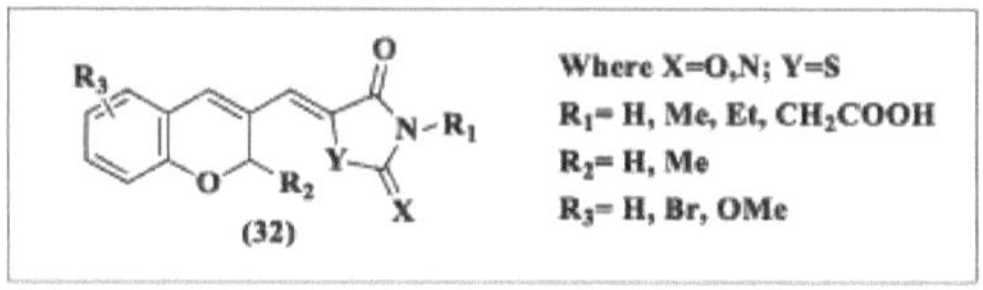

Chun-Liang Chen *et.al,* [30] revelaram o potencial de fármacos anticancerígenos como as antra[1,2-d]imidazol-6,11-dionas (**33** e **34**) substituídas por 2-tio contra a transcriptase reversa da telomerase (hTERT) e ensaio de painel de 60 células NCI.

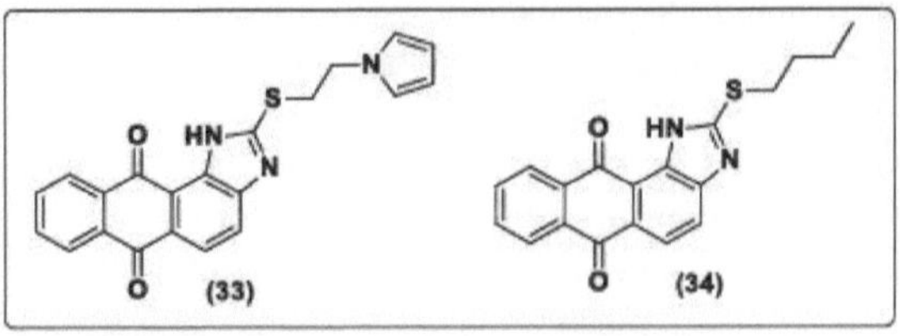

(33) (34)

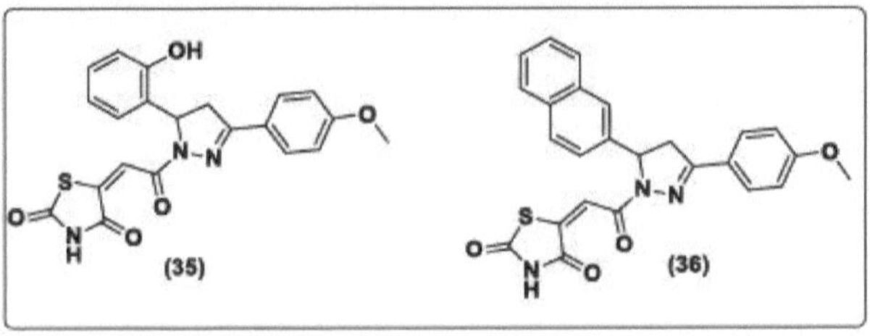

(35) (36)

Foram sintetizadas novas 4-tiazolidinonas substituídas por 5-pirazolina e avaliado quanto à atividade anticancerígena in vitro por Roman Lesyk *et.al,* [31]. O composto **35** era um inibidor da dihidroorotato desidrogenase e o composto **36** era um inibidor da polimerização dos microtúbulos.

2.4: Trabalho atual

Ao observar a importância farmacológica do carbazol e das tiazolidinas 2,4-dionas, pretendi fundir estes dois andaimes para construir uma única estrutura molecular que consiste em ambos os farmacóforos acima referidos, para além do anel 1,2,3-triazol.

Preparação de 5-[(9-etil-9H-carbazol-3-il)metileno]tiazolidina-2,4-diona **(37)** > Preparação de 5-[(9-etil-9H-carbazol-3-il)metileno]-3-(prop-2-ino-1-il)tiazolidina-2,4-diona (**38**) > Preparação de 5-[(9-etil-9H-carbazol-3-il)metileno]tiazolidina-2,4-diona ligada a 1,2,3-triazóis (**39a-39k**)

2.5: Resultados e discussão

Preparei uma série de 5-[(9-etil-9H-carbazol-3-il)metileno] tiazolidina-2,4-diona ligada a 1,2,3-triazóis **39a-39k** em três etapas (**Esquema-1**). Na primeira etapa, a 5-[(9-etil-9H-carbazol-3-il)metileno]tiazolidina-2,4-diona **(37)** foi preparada por tentativa de reação de condensação de Knoevenagel entre o 9-etil-9H-carbazole-3-carbaldeído e a 2,4-tiazolidinediona em condições de refluxo na presença de piperidina como catalisador. Na segunda etapa, o composto **37** foi propargilado na presença de K2CO3 em acetona seca sob refluxo durante 4-5 h para obter a 5-[(9-etil-9H-carbazol-3-il)metileno]-3-(prop-2-yn-1-il)tiazolidina-2,4-diona **38**, que era comum a todos os derivados sintetizados. Na etapa final, o intermediário **38** foi condensado com várias azidas aromáticas em condições de reação de clique químico na presença de iodeto de cobre e THF seco à temperatura ambiente durante 10-12 h para resultar nos correspondentes 1,2,3-triazóis **(39a-39k)** em rendimentos quantitativos.

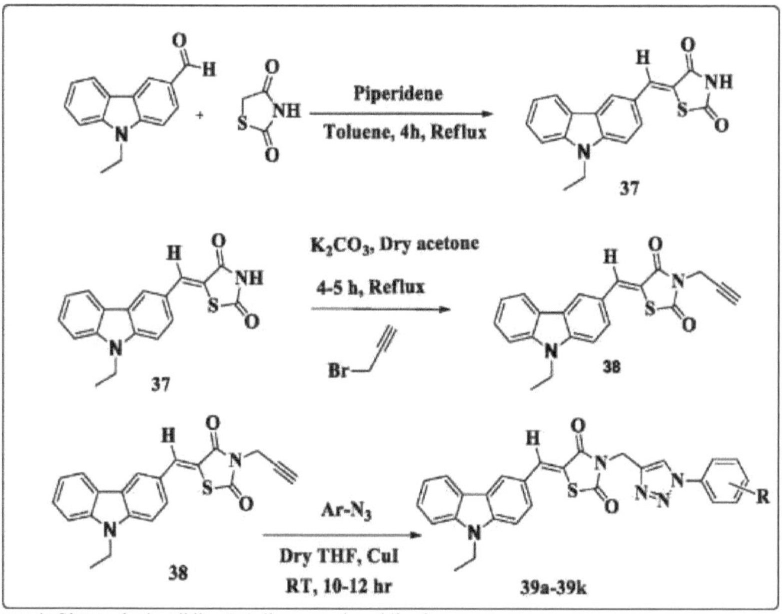

Esquema-1: Síntese de tiazolidina-2,4-diona e carbazol ligados
Derivados do 1,2,3-triazol **(39a-39k)**

Tabela 2.1: Âmbito de aplicação do substrato

S.No.	Ar-N3	Product	Yield (%)	Melting point (⁰C)
1	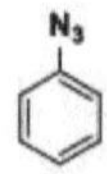	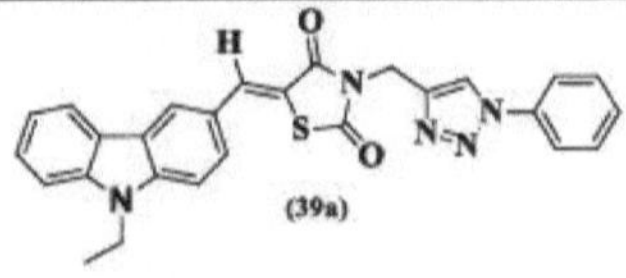 (39a)	81	150-152
2	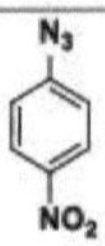	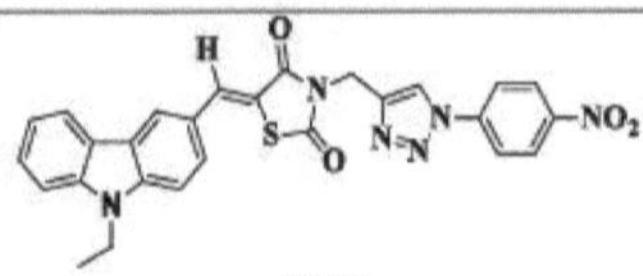 (39b)	83	162-163
3	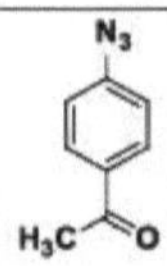	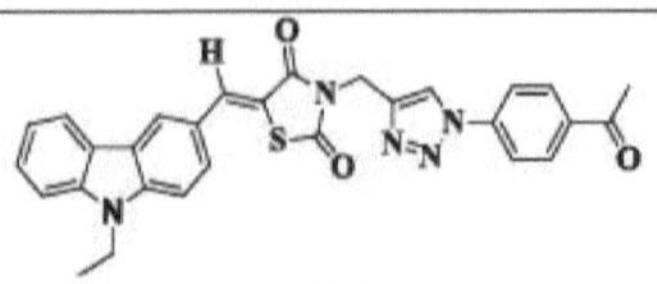 (39c)	80	155-157
4	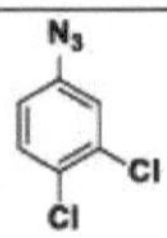	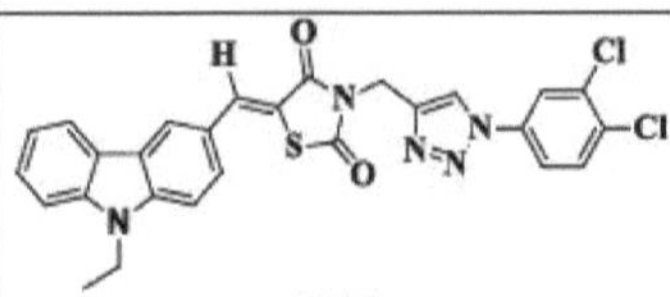 (39d)	82	132-134
5	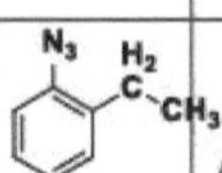	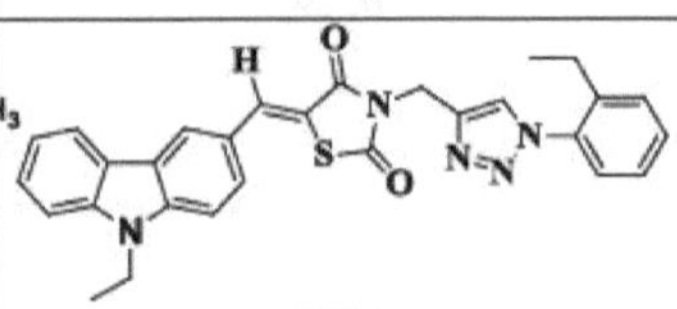 (39e)	78	130-132
6	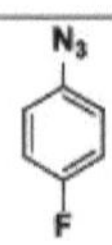	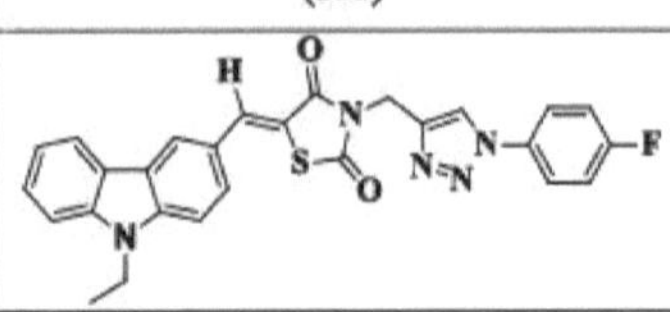	80	125-127

		(39f)		
7	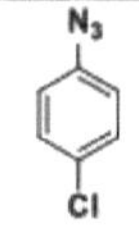	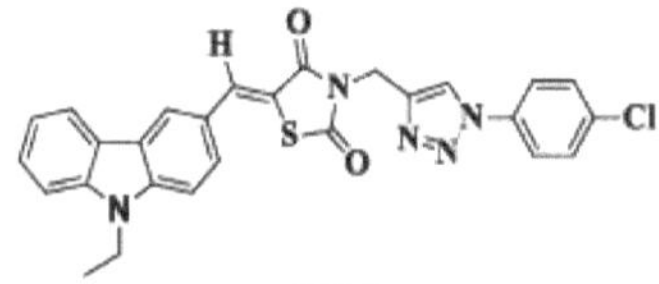 (39g)	85	135-138
8	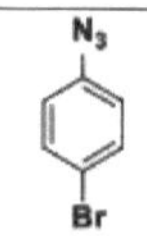	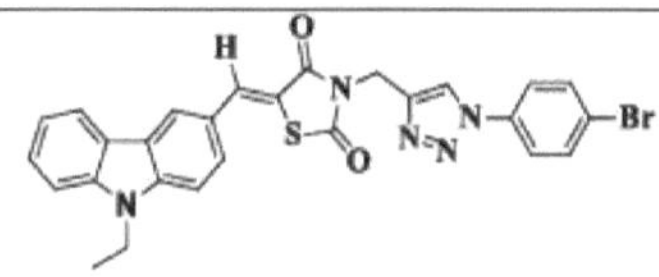 (39h)	80	120-122
9	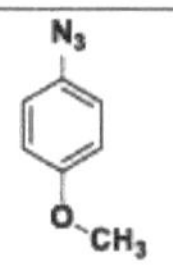	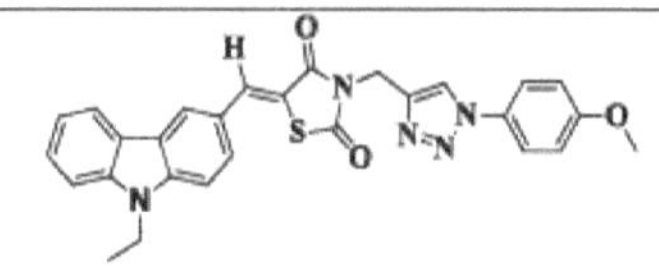 (39i)	75	130-133
10	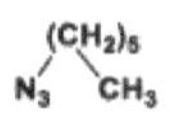	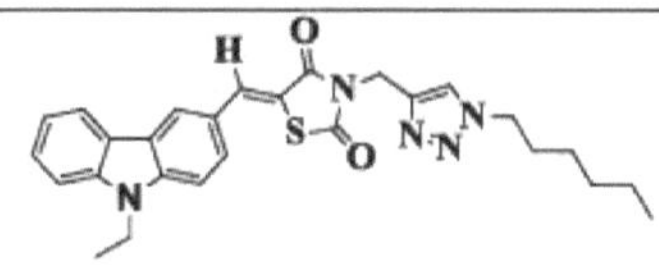 (39J)	73	121-123
11	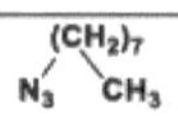	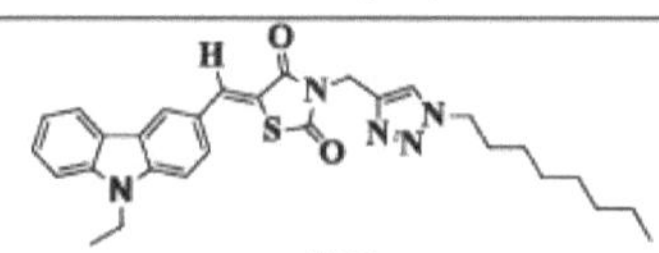 (39k)	72	121-124

2.6: Secção Experimental

Informações gerais

Todos os derivados foram caracterizados por espectros de ^{1}H NMR, IR e ESI-MS. Os compostos 39a-39k apresentaram bandas de absorção no IV que variam de 3156 a 3123 cm^{-1} para o estiramento C-H aromático, 2926-2900 cm^{-1} para o estiramento C-H alifático. Também se registaram absorções devidas a estiramentos de C=C e C=N a 1588-1518 e 1480-141439 cm^{-1}, respetivamente. Nos espectros de RMN $^{\text{de (1)}}$H, a presença de ressonâncias de singleto a d 5,5-6,0 δ ppm e 6,0-6,5 δ ppm foi atribuída aos protões metilénicos ligados ao azoto e ao protão do anel triazólico, respetivamente, enquanto as ressonâncias de carbono correspondentes nos espectros de RMN de ^{13}C foram observadas a 36,8 e 102,3 ppm, respetivamente. Todos os restantes protões e carbonos ressoaram nas regiões esperadas.

2.7: : Síntese de 5-{(9-etil-9H-carbazol-3-il)metileno}tiazolidina-2,4-diona (37)

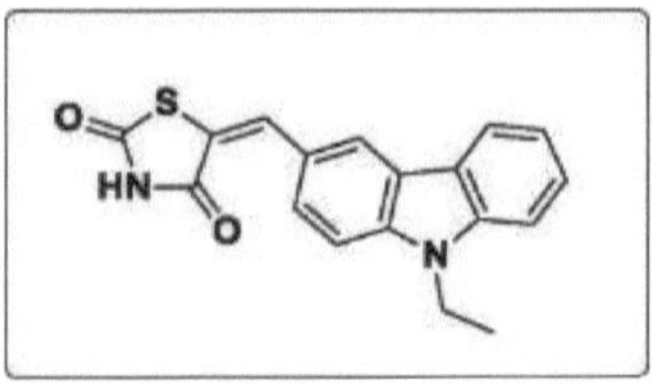

Uma mistura de 9-etil-9H-carbazole-3-carbaldeído (30 mmol) e tiazolidina-2,4-diona (30 mmol) com uma quantidade catalítica de piperidina foi refluxada em tolueno com remoção contínua de água utilizando o aparelho de Dean Stark durante 4 horas. A mistura reacional foi arrefecida a 25 °C para obter um sólido amarelo pálido. O sólido foi recristalizado a partir de água para obter o composto 5-[(9-etil-9H-carbazol-3-il)metileno]tiazolidina-2,4-diona (**37**).

2.7.1: Síntese de 5-{(9-etil-9H-carbazol-3-il)metileno}-3-(prop-2-ino-1-il)tiazolidina-2,4-diona (38)

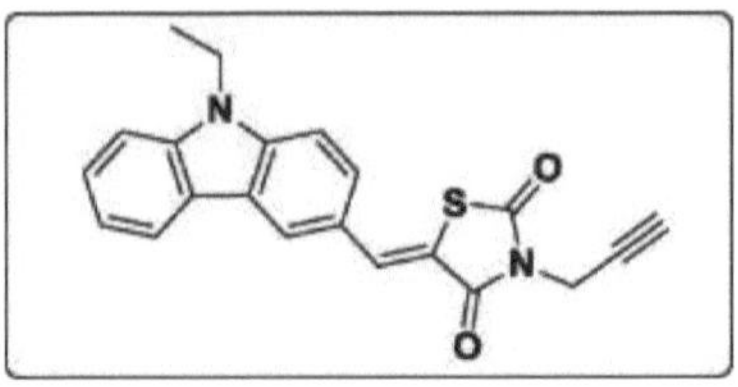

O composto **37** (23,60 mmol), juntamente com o carbonato de potássio (22 mmol), foi dissolvido em 10 mL de acetona seca e, posteriormente, adicionou-se lentamente brometo de propargilo (23 mmol), agitando. A mistura reacional foi mantida em refluxo durante 4 h e depois extraída com acetato de etilo para obter 5-[(9-etil-9H-carbazol-3-il)metileno]-3-(prop-2- yn-1-il)tiazolidina-2,4-diona (**38**) em bruto. Este resíduo bruto foi purificado por cromatografia em coluna sobre gel de sílica (100-200 mesh) em acetato de etilo a 15% em hexano para obter o composto **38** no estado puro.

Rendimento 91%, mp. 180-182°C, ^{1}H NMR (400 MHz, CDCl3) δ 8.20 (d, J = 1.7 Hz, 1H), 8.12 (t, J = 3.8 Hz, 2H), 7.59 (dd, J = 8.6, 1.7 Hz, 1H), 7.55 - 7.51 (m, 1H), 7.44 (dd, J = 8.4, 3.7 Hz, 2H), 7.33 - 7.29 (m, 1H), 4.50 (d, J = 2.5 Hz, 2H), 4.37 (q, J = 7.2 Hz, 2H), 8 (t, J = 2.5 Hz, 1H), 1.45 (t, J = 7.2 Hz, 3H).

2.7.2: Síntese de 5-{(9-etil-9H-carbazol-3-il)metileno}tiazolidina-2,4-diona ligada a 1,2,3-triazóis (39a-39k)

O composto **38** (1,0 mmol) e as azidas aromáticas (1,0 mmol) foram dissolvidos em solvente tetra-hidrofurano (10 mL) e foi adicionado iodeto de cobre (10 mol %). A reação foi mantida durante 12 horas à temperatura ambiente. Após a conclusão da reação, que foi confirmada por TLC, o solvente foi removido e extraído com DCM. As camadas orgânicas foram secas com sulfato de sódio anidro e concentradas para obter os produtos finais **39a-39k**.

2.8: Dados de caraterização

39a: 5-{(9-ethyl-9H-carbazol-3-yl)methylene}-3-{(1-phenyl-1H-1,2,3-triazol-4- yl)methyl} thiazolidine-2,4-dione

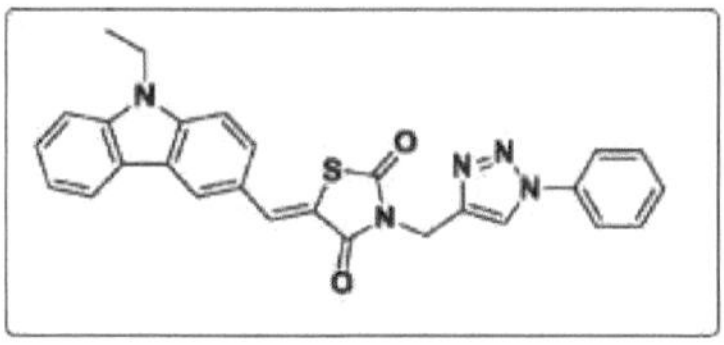

Rendimento 81%, p.f. 150-152 ^{0}C. Espectro de IV, ν, cm^{-1}: 3155, 2923, 1733, 1675, 1585, 1456. ^{1}H RMN (400 MHz, DMSO-d6) 8,08 (s, 1H), 7,80 (s, 1H), 7,69 - 7,61 (m, 2H), 7,57 (s, 1H), 7,54 (s, 1H), 7,45 - 7.34 (m, 2H), 7.30 - 7.18 (m, 5H), 7.04 (s, 1H), 5.08 (s, 2H), 4.38 (q, *J* = 7.2 Hz, 2H), 1.46 (t, *J* = 7.2 Hz, 3H). ^{13}C RMN (100 MHz, DMSO-d6) δ 167,1, 165,2, 143,0, 140,5, 140,1, 136,1, 135,1, 130,7, 129,9, 127,8, 126,8, 123,5, 122,8, 121,9, 121,8, 121,5, 120,6, 119,9, 119,8, 116,5, 110,9, 109,5, 37,2, 36,5, 13,7. ESI-MS: m/z 480 (M+1) observado para $C_{27}H_{21}N_5O_2S$.

39b: **5-{(9-ethyl-9H-carbazol-3-yl)methylene}-3-{1-(4-nitrophenyl)-1H-1,2,3- triazol-4-yl)methyl}thiazolidine-2,4-dione**

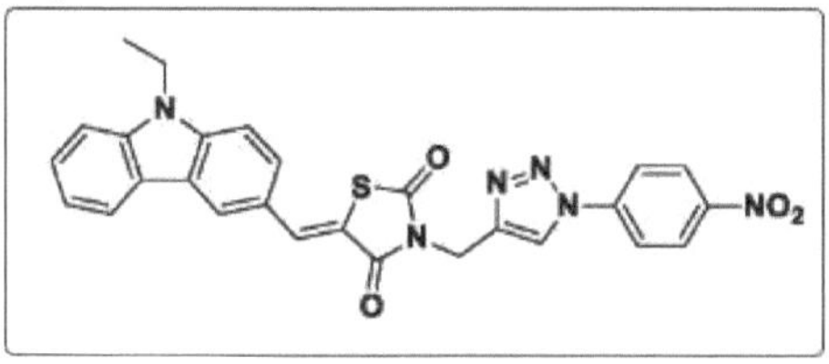

Rendimento 83%, p.f. 162-163 ^{0}C. Espectro de IV, ν, cm^{-1}: 3154, 2923, 1733, 1675, 1585, 1456. ^{1}H RMN (400 MHz, DMSO-d6) δ 8,09 (d, J = 7,4 Hz, 2H), 7,99 (s, 1H), 7,93 (d, J = 7,4 Hz, 2H), 7,80 (s, 1H), 7,57 (s, 1H), 7.53 (s, 1H), 7.44 - 7.36 (m, 2H), 7.29 - 7.19 (m, 3H), 4.88 (s, 2H), 4.38 (q, J = 7.2 Hz, 2H), 1.47 (t, J = 7.2 Hz, 3H). ^{13}C NMR (100 MHz, DMSO-d6) δ 168,1, 165,9, 146,1, 140,6, 140,1, 135,6, 134,9, 132,7, 127,8, 126,8, 1233,7, 123,5, 122,8, 121,9, 121,8, 121,7, 121,3, 120,7, 119,8, 116,6, 110,1, 109,7, 37,2, 36,5, 13,7. ESI-MS: m/z 525 (M+1) observado para $C_{27}H_{20}N_6O_4S$.

39c: 3-{1-(4-acetylphenyl)-1H-1,2,3-triazol-4-yl)methyl}-5-{(9-ethyl-9H-carbazol- 3-yl)methylene}thiazolidine-2,4-dione

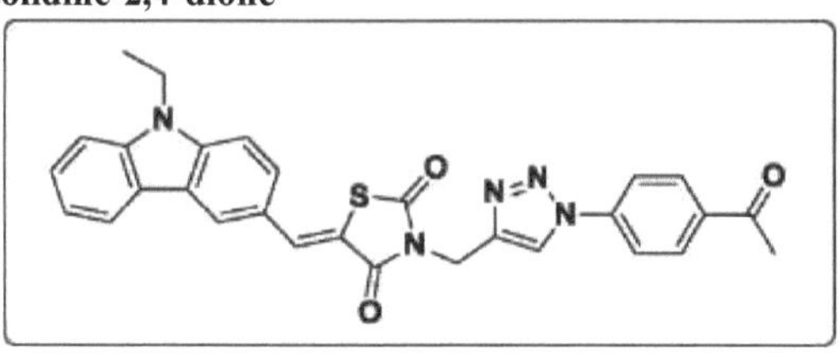

Rendimento 80%, m.p. 155-158 ^{0}C. Espectro de IV, ν, cm^{-1}: 3129, 2940, 1725, 1655, 1550, 1439. ^{1}H RMN (400 MHz, DMSO-d6) δ 9,00 (s, 1H), 8,47 (s, 1H), 8,25 (s, 1H), 8,18 - 8,08 (m, 4H), 7,91 - 7,58 (m, 4H), 7,54 (s, 1H), 7,30 (s, 1H), 5,05 (s, 2H), 4,50 (q, 2H), 2,63 (s, 3H), 1,35 (t, 3H).^{13}C RMN (100 MHz, DMSO-d6) δ 196,9, 167,3, 165,3, 143,0, 140,6, 140,1, 139,4, 136,4, 134,9, 132,8, 130,0, 127,81, 126,7, 123,7, 123,6, 122,9, 121,9, 120,8, 119,9, 119,7, 116,6, 110,1, 109,7, 37,2, 36,5, 26,8, 13,7. ESI-MS: m/z 524 (M+1) observado para

C28H21N5O4S.

39d: 3-{(1-[3,4-dichlorophenyl]-1H-1,2,3-triazol-4-yl)methyl}-5-{(9-ethyl-9H- carbazol-3-yl)methylene}thiazolidine-2,4-dione

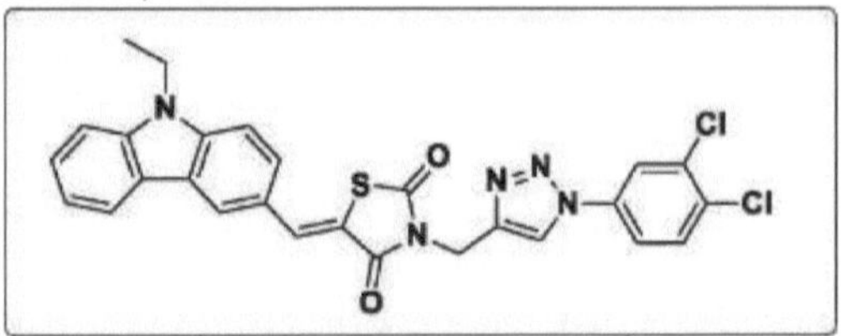

Rendimento 82%, p.f. 132-134 ^{0}C. Espectro de IV, ν, cm^{-1}: 3156, 2920, 1733, 1683, 1518, 1488. 1H NMR (400 MHz, DMSO-d6) 8.95 (s, 1H), 8.46 (s, 1H), 8.34 - 8.20 (m, 2H), 8.19 - 8.09 (m, 1H), 8.02 - 7.91 (m, 1H), 7.85 (d, *J* = 8.4 Hz, 1H), 7.74 - 7.75 (m, 1H), 7.71 (dd, *J* = 16.1, 8.1 Hz, 2H), 7.54 (t, *J* = 7.3 Hz, 1H), 7.30 (t, *J* = 7.3 Hz, 1H), 5.03 (s, 2H), 4.49 (q, *J* = 6.7 Hz, 2H), 1.34 (t, *J* = 6.7 Hz, 3H). ^{13}C NMR (100 MHz, DMSO-d6) δ 167.2, 165.2, 142.9, 140.6, 140.1, 135.9, 135.0, 13, 131.7, 131.0, 127.8, 126.7, 123.7, 123.5, 122.8, 121.9, 121.8,121.6, 120.7, 119.9, 119.8, 116.5, 110.9, 109.7, 37.2, 36.5, 13.71. ESI-MS: m/z 548 (M+1) observado para C27H19Cl2N5O2S.

39e: 5-{(9-ethyl-9H-carbazol-3-yl)methylene}-3-{[1-(2-ethylphenyl)-1H-1,2,3- triazol-4-yl]methyl}thiazolidine-2,4-dione

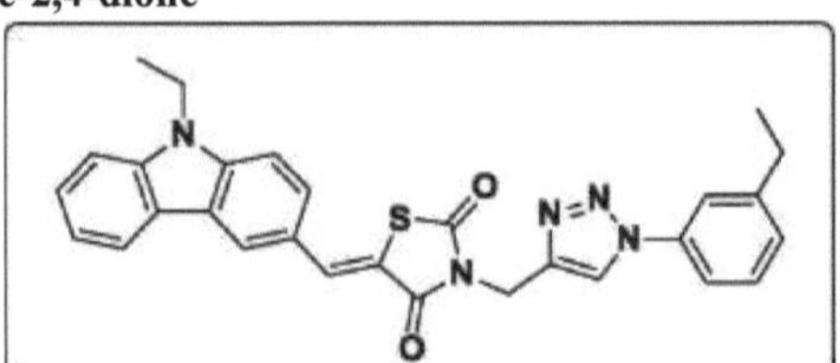

Rendimento 78%, mp130-132 ^{0}C. Espectro de IV, ν, cm^{-1}: 3155, 2923, 1733, 1675, 1585, 1456. ^{1}H RMN (400 MHz, DMSO-d6) δ 8,52 (s, 1H), 8,45 (s, 1H), 8,25 (d, *J* = 7,7 Hz, 1H), 8,14 (s, 1H), 7,78 (d, *J* = 8,6 Hz, 1H), 7,71 (d, *J* = 9,2 Hz, 1H), 7,68 (d, *J* = 8,2 Hz, 1H), 7.57 - 7.47 (m, 3H), 7.46 -7.34 (m, 2H), 7.30 (t, *J* = 7.4 Hz, 1H), 5.06 (s, 2H), 4.48 (q, *J* = 7.1 Hz, 2H), 2.43 (q, *J* = 7.4 Hz, 2H), 1.34 (t, *J* = 6.9 Hz, 3H), 1.01 (t, *J* = 7.4 Hz, 3H). ^{13}C RMN (100 MHz, DMSO-d6) δ 167,3, 165,3, 140,5, 140,1, 139,2, 135,5, 134,9, 130,2, 129,8, 127,8, 126,9, 126.7, 126.3, 125.5, 123.6, 123.4, 123.5, 122.9, 121.8, 120.8, 119.9, 116.6, 110.1, 109.7, 37.3, 36.5, 23.7, 14.8, 13.7. ESI-MS: m/z 508 (M+1) observado para C29H25N5O2S.

39f: 5-{(9-ethyl-9H-carbazol-3-yl)methylene}-3-{[1-(4-fluorophenyl)-1H-1,2,3- triazol-4-yl] methyl} thiazolidine-2,4-dione

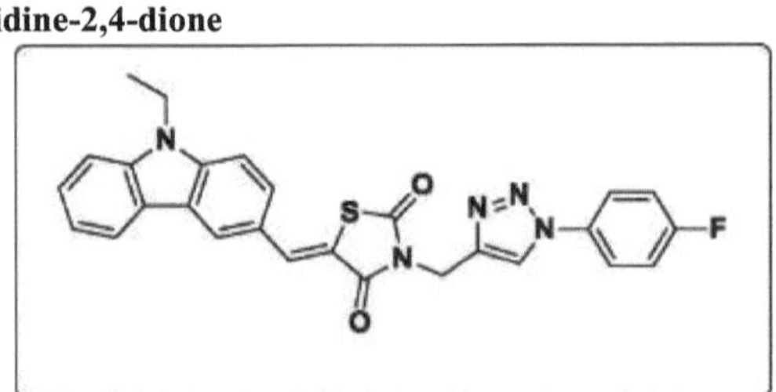

Rendimento 80%, mp 125-127 ^{0}C. Espectro de IV, ν, cm^{-1}: 3156, 2920, 1733, 1683, 1518, 1488, ^{1}H NMR (400 MHz, DMSO-d6) δ 8.07 (s, 1H), 7.78 (s, 1H), 7.71 (s, 1H), 7.70 - 7.65 (m,

2H), 7.52 (s, 1H), 7.42 - 7.34 (m, 2H), 7.29 (dd, *J* = 5.1, 2.4 Hz, 1H), 7.27 - 7.19 (m, 2H), 7.15 - 7.09 (m, 2H), 4.98 (s, 2H), 4.38 (q, *J* = 7.2 Hz, 2H), 1.46 (t, *J* = 7.2 Hz, 3H). ESI-MS: m/z 498 (M+1) observado para C27H20FN5O2S.

39g: 3-{(1-[4-chlorophenyl]-1H-1,2,3-triazol-4-yl)methyl}-5-{(9-ethyl-9H- carbazol-3-yl) methylene} thiazolidine-2,4-dione

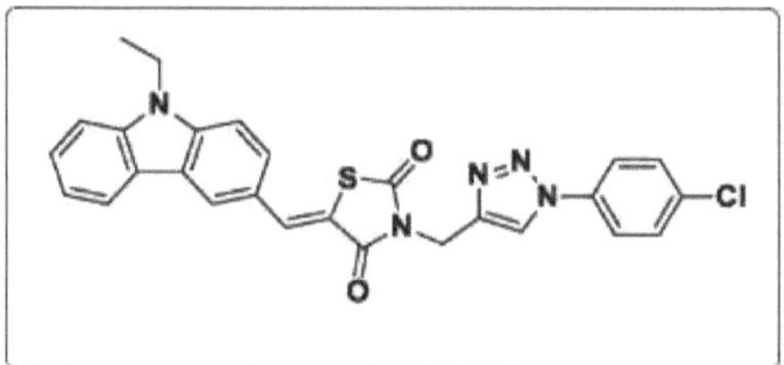

Rendimento 85%, mp 135-138 ^{0}C. Espectro de IV, ν, cm^{-1}: 3156, 2920, 1733, 1683, 1518, 1488. ^{1}H RMN (400 MHz, DMSO-d6) δ 8,89 (s, 1H), 8,46 (s, 1H), 8,26 (d, *J* = 7,5 Hz, 1H), 8,15 (s, 1H), 7,89 (d, *J* = 8,3 Hz, 2H), 7,80 (d, *J* = 8.3 Hz, 2H), 7.78 - 7.58 (m, 3H), 7.54 (t, *J* = 7.4 Hz, 1H), 7.30 (t, *J* = 7.3 Hz, 1H), 5.03 (s, 2H), 4.49 (d, *J* = 6.7 Hz, 2H), 1.34 (t, *J* = 6.7 Hz, 3H). ^{13}C RMN (100 MHz, DMSO-d6) δ 167,2, 165,2, 142,9, 140,6, 140,1, 136,0, 135,0, 130,6, 129,9, 127,7, 126,7, 123,5, 122,8, 121,9, 121,8, 121,6, 120,7, 119,9, 119,8, 116,5, 110,9, 109,6, 37,2, 36,4, 13,7. ESI-MS: m/z 514 (M+1) observado para C27H20ClN5O2S.

39h: 3-{1-[(4-bromophenyl)-1H-1,2,3-triazol-4-yl]methyl}-5-{(9-ethyl-9H- carbazol-3-yl) methylene} thiazolidine-2,4-dione

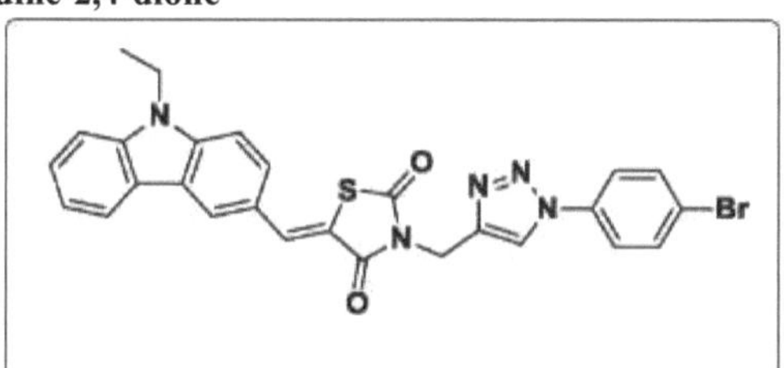

Rendimento 80%, p.f. 120-122 ^{0}C. ^{1}H RMN (400 MHz, DMSO-d6) δ 8,89 (s, 1H), 8,46 (s, 1H), 8,26 (d, *J* = 7,5 Hz, 1H), 8,15 (s, 1H), 7,89 (d, *J* = 8,3 Hz, 2H), 7,84 - 7,76 (m, 3H), 7.71 (dd, *J* = 16.8, 8.3 Hz, 2H), 7.54 (t, *J* = 7.4 Hz, 1H), 7.30 (t, *J* = 7.3 Hz, 1H), 5.03 (s, 2H), 4.49 (q, *J* = 6.7 Hz, 2H), 1.34 (t, *J* = 6.7 Hz, 3H). ^{13}C RMN (100 MHz, DMSO-d6) δ 167,2, 165,3, 140,6, 140,1, 135,6, 134,9, 132,7, 127,8, 126,7, 123,7, 123,5, 122,9, 121,9, 121,9, 121,7, 121,5, 121,3, 120,8, 119,9, 116,6, 110,1, 109,7,
37.2, 36.5, 13.7. ESI-MS: m/z 558 (M+1) observado para C27H20BrN5O2S.

39i: **5-{(9-ethyl-9H-carbazol-3-yl)methylene}-3-{(1-[4-methoxyphenyl]1H-1,2,3-triazol-4-il)metil} tiazolidina-2,4-diona**

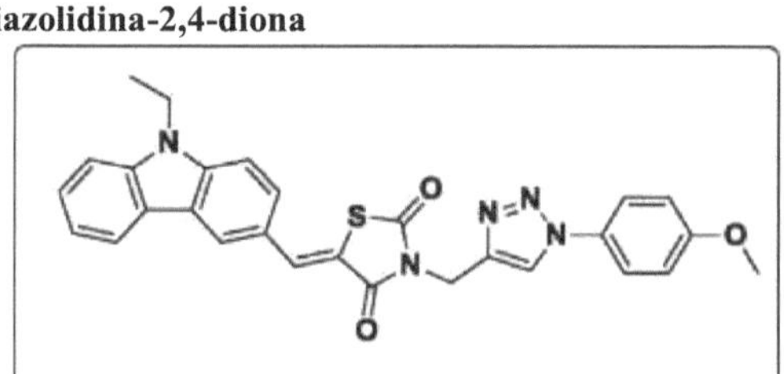

Rendimento 75%, mp 130-133 ^{0}C. Espectro de IV, ν, cm^{-1}: 3156, 2926, 1736, 1685, 1588, 1451. ^{1}H RMN (400 MHz, DMSO-d6) δ 8,08 (s, 1H), 7,78 (s, 1H), 7,71 (s, 1H), 7,64 - 7,59 (m, 2H), 7.52 (s, 1H), 7.42 - 7.21 (m, 7H), 4.88 (s, 2H), 4.38 (q, *J* = *72* Hz, 2H), 3.57 (s, 3H), 1.47 (t, *J*= 7.2 Hz, 3H). ^{13}C RMN (100 MHz, DMSO-d6) δ 167,3, 165,3, 156,2, 143,0, 140,6, 140,1, 139,4, 136,3, 134,9, 130,0, 127,8, 126,7, 123,7, 123,5, 122,9, 121,9, 120,8, 119,9, 119,7, 116,6, 110,1, 109,7, 55,1, 37,2, 36,5, 13,7. ESI-MS: m/z 510 (M+1) observado para $C_{27}H_{23}N_5O_3S$.

39j : 5-{([9-etil-9H-carbazol-3-il] metileno)}-3-{([1-hexil-1H-1,2,3-triazol-4-il] metil) tiazolidina}-2,4-diona

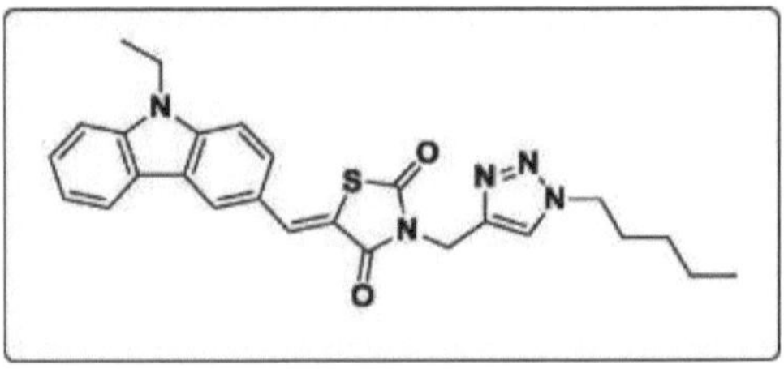

Rendimento 73%, mp 121-123 ^{0}C. ^{1}H RMN (400 MHz, DMSO-d6) δ 7,69 (s, 1H), 7,64 (s, 1H), 7,59 (s, 1H), 7,43 (s, 1H), 7,32 - 7,28 (m, 2H), 7,26- 7,22 (m, 1H), 7,19 - 7.08 (m, 2H), 5.02 (s, 2H), 4.38 (q,*J*= 7.2 Hz, 2H), 3.76 (t,*J*= 7.2 Hz, 2H), 1.46 (t, *J*= 7.2 Hz, 3H), 1.36 - 1.23 (m, 8H), 0.88 (t, *J*= 6.7 Hz, 3H). ESI-MS: m/z 586 (M+1) observado para $C_{27}H_{29}N_5O_2S$.

39k: 5-{(9-etil-9H-carbazol-3-il) metileno}-3-{([1-octil-1H-1, 2, 3- triazol-4-il] metil) tiazolidina}-2,4-diona

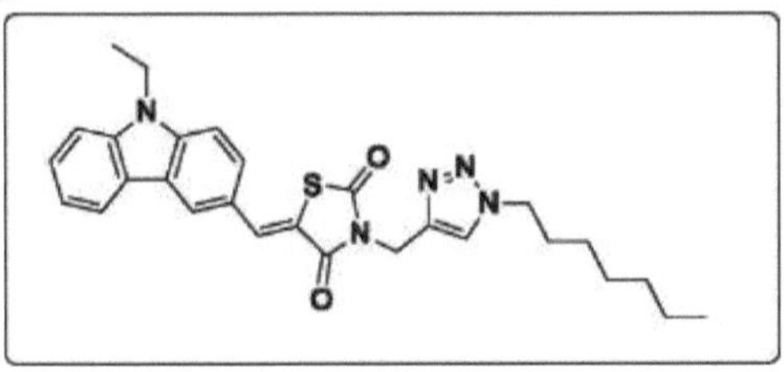

Rendimento 72%, mp 121-124 ^{0}C. Espectro de IV, ν, cm^{-1}: 3122, 2924, 1744, 1684, 1591, 1506. ^{1}H RMN (400 MHz, DMSO-d6) δ 7,62 (s, 1H), 7,61 (s, 1H), 7,55 (s, 1H), 7,41 (s, 1H), 7,30 - 7,26 (m, 2H), 7,25- 7,19 (m, 1H), 7,16 - 7,01 (m, 2H), 5.04 (s, 2H), 4.38 (q, *J* = 7.2 Hz, 2H), 3.76 (t, *J* = 7.2 Hz, 2H), 1.79 - 1.70 (m, 4H),1.45 (t, *J* = 7.2 Hz, 3H), 1.25 - 1.13 (m, 8H), 0.98 (t, *J* = 6.7 Hz, 3H). ESI-MS: m/z 516 (M+1) observado para $C_{29}H_{33}N_5O_2S$.

2.9: Conclusão

Demonstrei a síntese de novos derivados de tiazolidina-2,4- diona e carbazol ligados a 1,2,3-triazol através da cicloadição azida-alquino catalisada por cobre (I) que dá isómeros regiosselectivos em bons rendimentos. Os híbridos de triazol recentemente sintetizados são caracterizados utilizando ^{1}H RMN, ^{13}C RMN, IR e dados de espectros de massa.

Referências

CAPÍTULO III

Estudos de atividade anticancerígena

3.1: Introdução

Os compostos heterocíclicos com 1,2,3-triazol e isoxazol têm recebido maior atração devido às suas notáveis propriedades físicas e biológicas, bem como à sua admirável estabilidade, que os tornam estruturas nucleares capazes de serem utilizadas em medicamentos [1]. Na última década, muitos 1,2,3-triazóis e seus derivados demonstraram ter uma vasta gama de actividades biológicas, incluindo anti-microbiana [2], anti-biótica [3], anti-inflamatória [4], anti-cancerígena [5], anti-bacteriana [6], anti-viral [7] e anti-parasitária [8]. Para além disso, os 1,2,3-triazóis fundidos têm também uma importância previsível na química orgânica e medicinal. Os compostos que contêm derivados de 1,2,3-triazóis fundidos são cada vez mais comuns em alvos farmacêuticos e substâncias biologicamente activas. Tais actividades incluem, entre outras, actividades antivirais, inibidoras da peptidase [contra a metionina amino peptidase humana tipo 2 (hMetAP2)], actividades anti-fotoenvelhecimento, bem como diversas propriedades cardiovasculares benéficas [9-11]. **3.2: Breve relatório sobre as aplicações biológicas do arcabouço 1,2,3-triazol**

Piotrowska *et.al,* [12] demonstraram a atividade antiviral de um novo derivado nucleótido de isoxazolidina com um ligante 1,2,3-triazol. Os compostos sintetizados foram avaliados quanto à sua atividade *in vitro* contra uma variedade de vírus de ADN e ARN. O composto dietil {5-[4-[4-(2,4-difluorofenil)-1H-1,2,3-triazol-1-il]-2-metilisoxazolidin-3-il}fosfonato exibiu atividade citostática numa gama micro molar mais elevada.

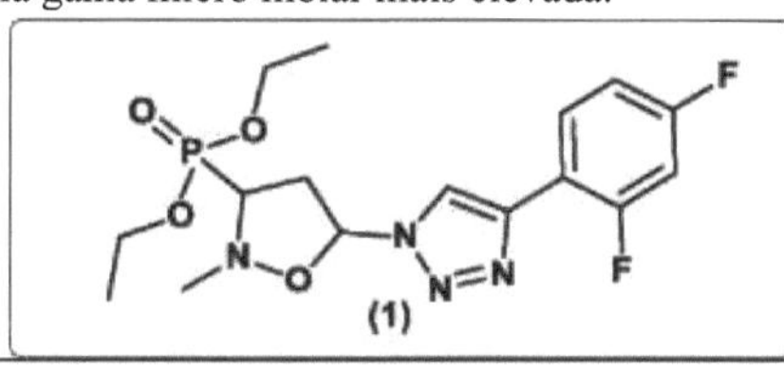

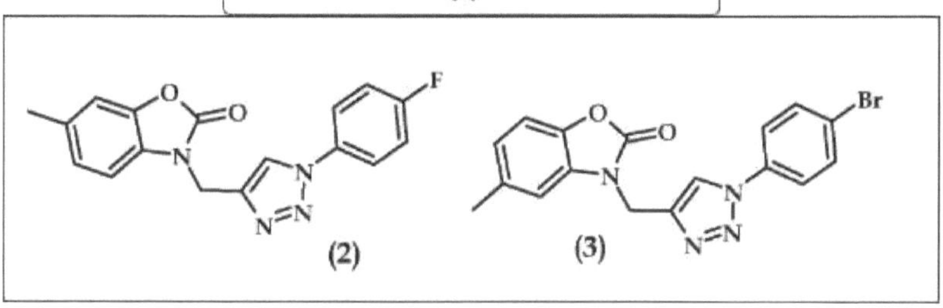

Alguns novos 1,2,3-trizoles baseados em benzoxazolinona foram sintetizados usando a abordagem de química de clique e rastreados para atividade anti-inflamatória *in vitro* e *in vivo* por Haider *et.al,* 2013 [13]. Os resultados indicaram que o composto 3-{[1-(4-(fluorofenil)-1H-1,2,3-triazol-4-il]metil}-6-metilbenzo[d]oxazol-2(3H)-ona **(2)** exibiu uma potente atividade anti-inflamatória e o composto 3-{[1-(4-bromofenil)- 1H-1,2,3-triazol-4-il]metil}-5-metilbenzo[d]oxazol-2(3H)-ona **(3)** apresentou uma atividade inibidora significativa do TNF-α comparável à do medicamento padrão indometacina.

Uma nova série de derivados de 1,2,3-triazol à base de tiazolidina-2,4-diona foi sintetizada por Chinthala *et.al,* [14] Os compostos sintetizados exibiram uma potente atividade anticancerígena contra linhas celulares de cancro humano IMR-32, Hep-G2 e MCF-7. Os compostos (Z)-5-(benzo[d][1,3]dioxol-5-ylmethylene)-3-[(1-(2-methoxy-4-metilfenil)-1H-1,2,3-triazol-4-il)metil]tiazolidina-2,4-diona (**4**), (Z)-5-(benzo[d][1,3]dioxol-5-ylmethylene)-3-[(1-phenethyl-1H-1,2,3-triazol-4-yl)methyl]thiazolidine-2,4-dione (**5**) and (Z)-5-(benzo[d][1,3]dioxol-5-ilmetileno)- 3-[(1-octil-1H-1,2,3-triazol-4-il)metil]tiazolidina-2,4-diona (**6**) mostraram uma boa atividade anticancerígena com valores de IC_{50} que variam de 30.00 a 77,58 (Lig/ml.).

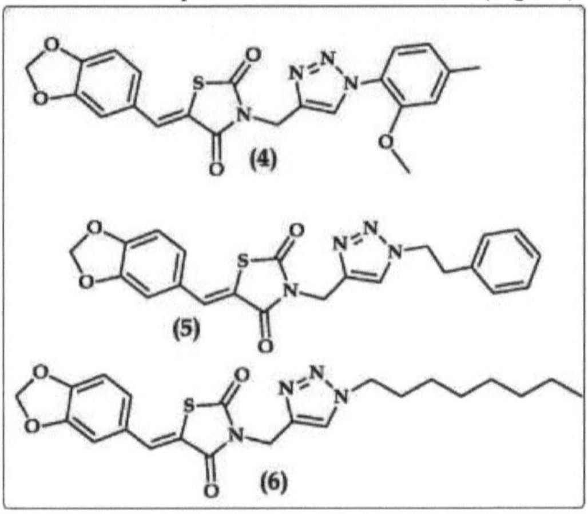

Shafi *et.al,* [15] sintetizaram um novo 2-mercapto benzotiazol ligado a 1,2,3- triazóis e testaram a sua atividade anti-inflamatória utilizando ensaios bioquímicos da atividade da ciclo-oxigenase (COX). Os compostos 2-{[(1-(4-fluorofenil)-1H- 1,2,3-triazol-4-il)metil]tio}benzo[d]tiazol (**7**), 2-{[(1-(2-chlorophenyl)-1H-1,2,3-triazol-4-il]metil)tio}benzo[d]tiazolo (**8**), 2-({[1-(4-bromofenil)-1H- 1,2,3-triazol-4-il]metil}tio)benzo[d]tiazol (**9**) e 2-({[1-(4-nitrofenil)-1H- 1,2,3-triazol-4-il]metil}tio)benzo[d]tiazol (**10**) apresentaram actividades significativas muito semelhantes às do medicamento padrão ibuprofeno.

Petrova *et.al,* [16] sintetizaram um grande número de 1,2,3-triazóis ligados à sacarose

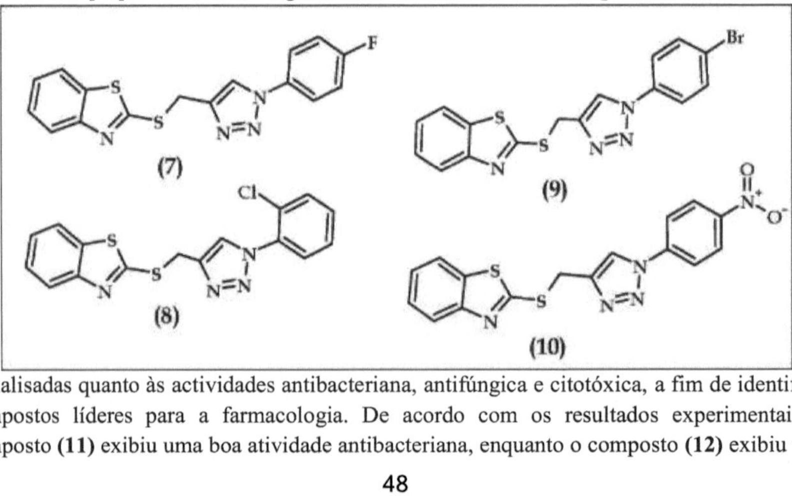

e analisadas quanto às actividades antibacteriana, antifúngica e citotóxica, a fim de identificar compostos líderes para a farmacologia. De acordo com os resultados experimentais, o composto (**11**) exibiu uma boa atividade antibacteriana, enquanto o composto (**12**) exibiu uma atividade antifúngica.

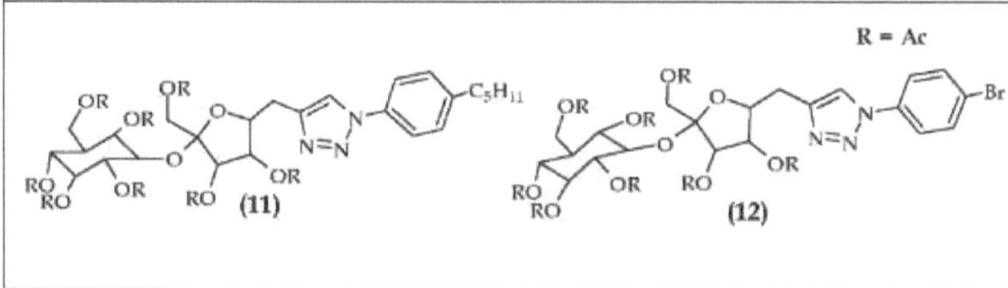

(11) (12)

He *et.al,* [17] relataram alguns novos derivados do ácido rupestónico contendo 1,2,3-triazol e examinaram-nos quanto à sua atividade antiviral contra o vírus da gripe. O composto [1-(2-fluorofenil)-1H-1,2,3-triazol-4-il]acrilato de metilo 2-[(8aS)-3,8- dimetil-2-oxodecahidroazulen-5-il]**(13)** e N-{[1-(2-clorofenil)-1H- 1,2,3-triazol-4-il]metil}-2-[(8aS)-3,8-dimetil-2-oxodecahidroazulen-5-il]acrilamida **(14)** apresentaram uma IC_{50} de 2.26 e 1,17 (pg/ml) contra o vírus anti-influenza B.

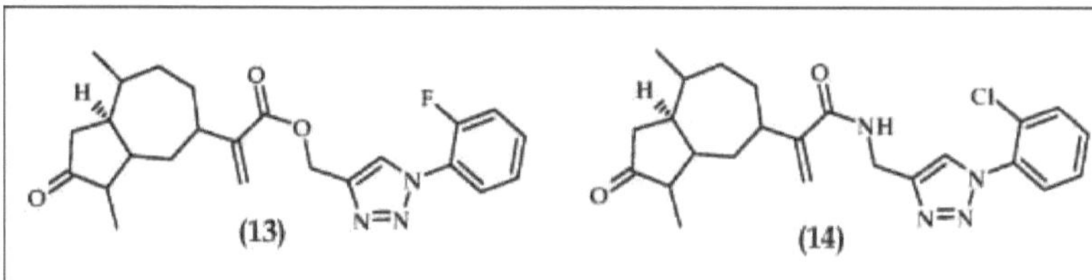

(13) (14)

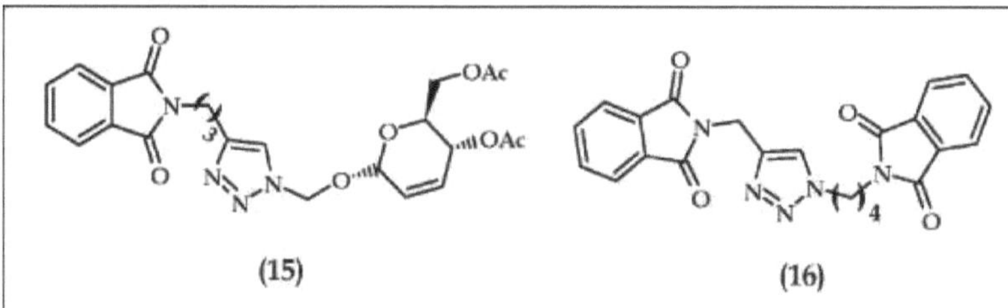

(15) (16)

Assis *et al. preparou* uma série de ftalimidas à base de 1,2,3-triazol através da reação de clique de N-(azido-alquil) ftalimidas com alcinos terminais [18] e analisou a sua atividade anti-inflamatória. A maioria dos compostos exibiu uma boa atividade anti-inflamatória, os compostos {(2S,3R,6S)-3-acetoxi-6-({4-[(1,3- dioxoisoindolin-2-il)metil]-1H-1,2,3-triazol-1-il}metoxi)-3,6-dihidro-2H-piran- 2-il}acetato de metilo **(15)** e **16** foram os que apresentaram a melhor atividade, tendo demonstrado ser capazes de diminuir em 69% e 56.2% o edema induzido por carragenina em ratinhos.

3.3: Um breve relatório sobre as aplicações biológicas da estrutura do isoxazol

Eccles *et.al,* [19] demonstraram a capacidade da 5-(2,4-dihidroxi-5-isopropilfenil)-N-etil-4-(4-(morfolinometil)fenil)isoxazole-3-carboxamida (**17**) para exibir a atividade anticancerígena através da indução da paragem G1-G2 e da apoptose. Além disso, foi mais ativa em relação a uma vasta gama de linhagens tumorais, especialmente o cancro da mama [20].

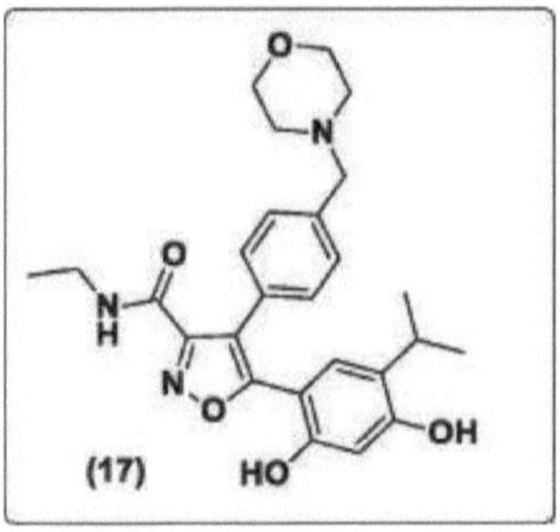

Sharp *et.al,* [21] relataram um inibidor da proteína 90 de choque térmico da chaperona molecular, nomeadamente a 5-(5-cloro-2,4-dihidroxifenil)-N-etil-4-(4- metoxifenil)isoxazole-3-carboxamida (**18**), que apresentou uma boa potência antiproliferativa celular média para linhas celulares de cancro humano com GI_{50}; 78 ± 15 nmol/L.

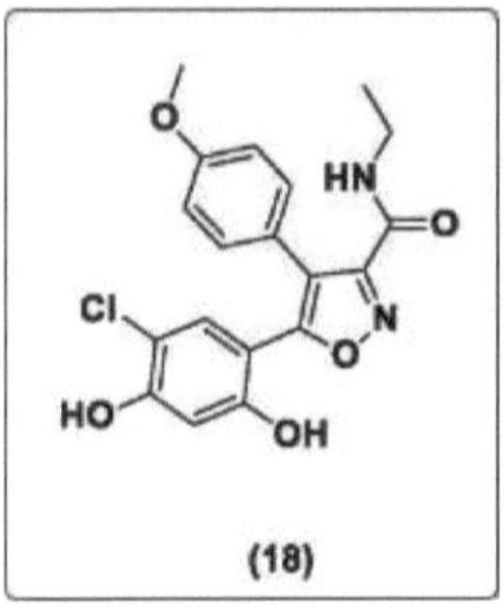

Os dois compostos, nomeadamente 1-benzil-4-(4,9-dioxo-3a,4,9,9a-tetrahidro nafto[2,3-d]isoxazol-3-il)piridina-1-io (**19**) e 3-[4-(2-morfolinoetoxi)fenil]isoxazolo[5,4-g]isoquinolina-4,9(3aH,9aH)-diona (**20**) foram sintetizados e explicaram a sua afinidade de ligação à Hsp90 por Bargiotti *et.al,* [22]. Também explicaram a atividade antiproliferativa contra o cancro do pulmão de células não pequenas NCI-H460, o carcinoma de células escamosas A431 e o mesotelioma peritoneal STO.

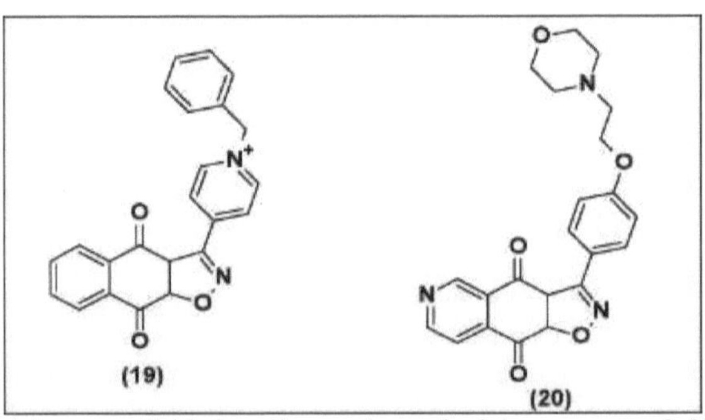

Shin *et.al,* [23] relataram a atividade anticancerígena de dois compostos 2-(4-(4- bromofenil) isoxazol-5-il)-4-etil-5-metoxifenol (**21**) e 4-etil-5-metoxi-2- (4-(4-metoxifenil)isoxazol-5-il)fenol (**22**) onde **21** mostrou o seu efeito no MDA-MB-231 com IC_{50}= 50 nanomolar e **22**

com IC50= 0,15 micromolar.

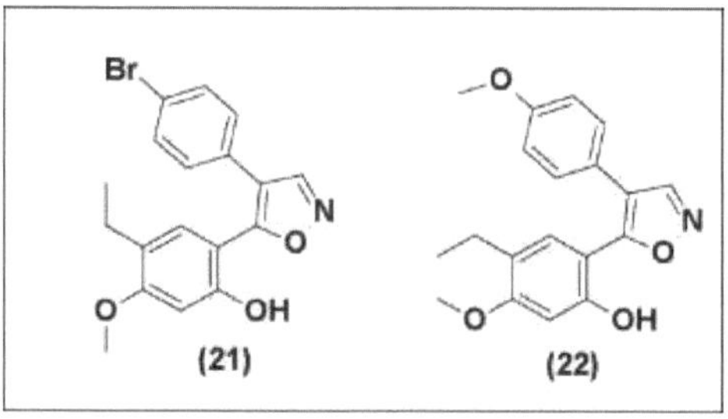

O inibidor da polimerização da tubulina, nomeadamente o 2-metoxi-5-[5-(3,4,5-trimetoxifenil)isoxazol-4-il]fenol (**23**) relatado por Kaffy *et.al,* [24] onde exibiu a atividade inibitória da polimerização da tubulina com IC50= 0,75 micromolar e é o dobro quando comparado com o fosfato padrão de Combretastatina A-4 (CA4) onde mostrou IC50= 1,2 micromolar. Também exibiu atividade anticâncer contra as linhas celulares HT29 (IC50 = 3 μM) e SVEC (IC50 = 8,5 μM).

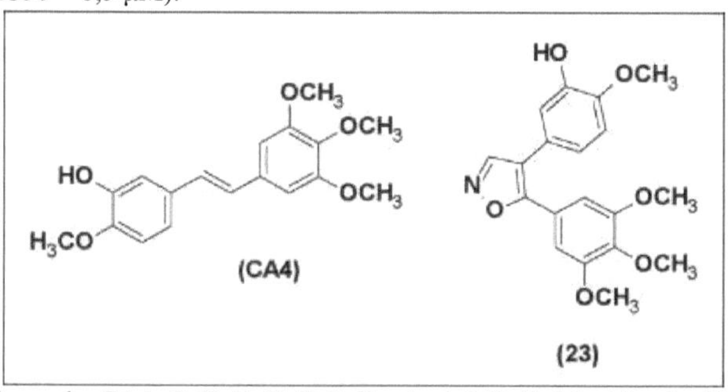

Um outro análogo do CA4, 2-(3-(4-(4-(2,6-dimetoxi-4-(3-(3,4,5- trimetoxifenil)isoxazol-5-il)fenoxi)butoxi)-4-metoxifenil)-2,3- dihidroquinazolin-4(1H)-ona (**24**), foi sintetizado por Kamal *et.al,* [25] e analisado quanto à atividade antiproliferativa, tendo demonstrado uma atividade promissora contra a linha celular de cancro do pulmão humano (A549) com um IG50 de 0,18 micromolar.

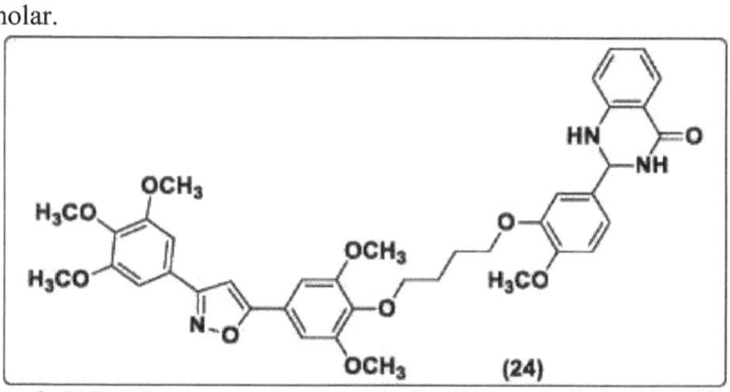

Rajanarendar *et.al,* [26] relataram uma série de bis-isoxazolo[4,5- b]piridina-N-óxidos de arilmetileno como dadores de óxido nítrico e testaram a sua atividade anticancerígena contra três linhas de células cancerígenas humanas HeLa (cancro do colo do útero humano), EAC (carcinoma de ascite de Ehrlich) e MCF-7 (cancro da mama humano). Os compostos 7,7'-

(fenilmetileno)bis(3-metil-6-fenilisoxazolo[4,5-b]piridina 4-óxido) (**25**) e 7,7'-(fenilmetileno)bis[6-(2-hidroxifenil)-3- metilisoxazolo[4,5-b]piridina 4-óxido] (**26**) apresentaram uma atividade muito boa em relação às três linhas celulares acima mencionadas.

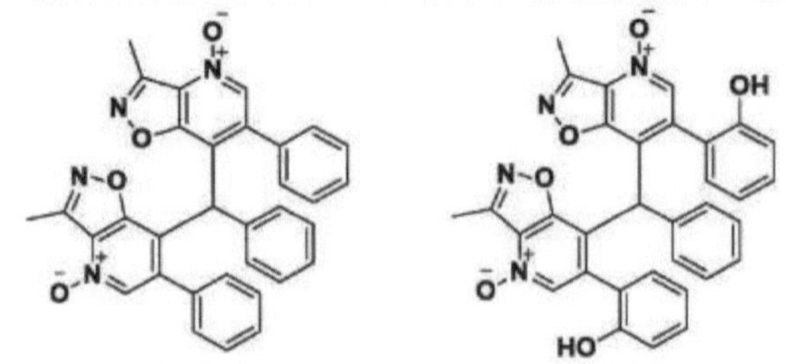

(25) (26)

Poma *et.al,* [27] demonstraram a atividade anti-cancerígena de um isoxazol

derivado 4-[(E)-2-{5-[(E)-3-hidroxi-4-metoxiestiril)isoxazol-3-il]vinil}-2- metoxifenol] (**27**). O derivado exibiu uma boa atividade anticancerígena contra MCF-7 com IC_{50} 13,1±1,6 μM e contra MCF-7R com IC_{50}12,O±2,OM.

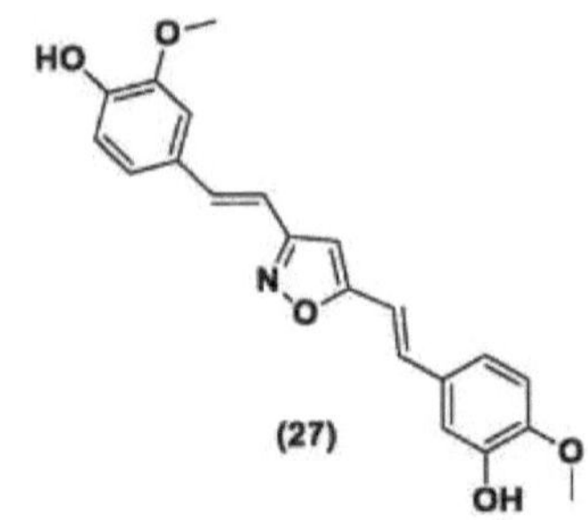

(27)

Kamal *et.al,* [28] sintetizaram conjugados de 3,5-diaril-isoxazole-PBD (**28** e **29**) e analisadas quanto à sua atividade anticancerígena, onde GI_{50} variou de 0,1 a 0,18 μM.

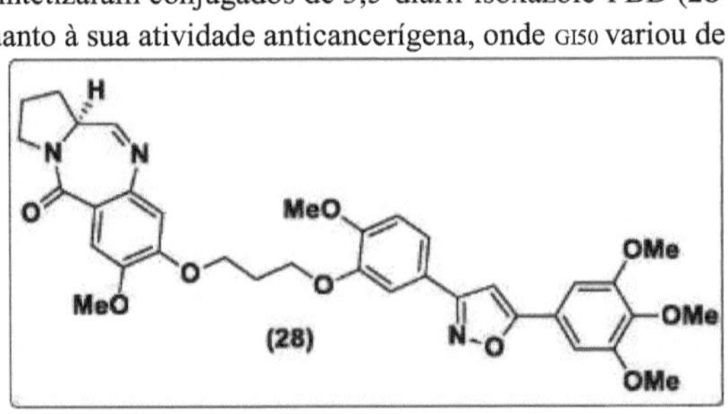

(28)

Rajanarendar .*et.al*, [29] sintetizou alguns bis-isoxazóis e examinou a sua atividade anticancerígena *in vitro*. Entre todos os derivados, os compostos 58 e 59 mostraram boas propriedades anticancerígenas contra as linhas celulares de cancro humano MCF-7 com IC_{50}

igual a 12,45 e 10,20 μM, respetivamente e MDA-MB-231 com valores de IC_{50} 10,32 e 18,25 μM, respetivamente. Eles também mostraram atividade contra a linha de células epiteliais de câncer renal humano HEK-293 com valores de IC_{50} 30,23 e 10,26 μM, respectively.

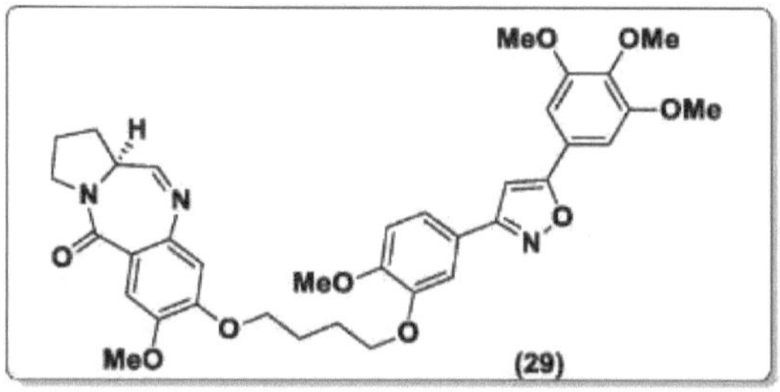

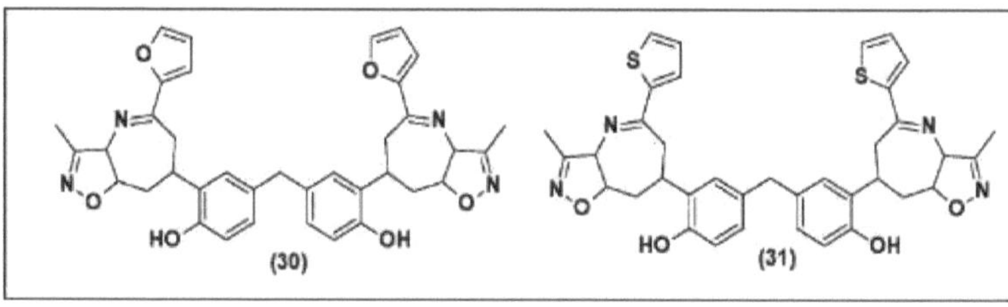

A série de novos diarilisoxazóis contendo indol sintetizada por Tohid *et.al,* [30] e analisada quanto à sua atividade anticancerígena contra a linha de células de cancro do pulmão (Calu-3) e a linha de células de cancro do cólon humano (Colo320), em que os compostos 5-(1H-indol-5-il)-3-(4-metoxifenil)isoxazol (**32**) and 5-(1H-indol-5-yl)-3-(3,4,5-trimetoxifenil)isoxazol (**33**) demonstraram uma atividade anticancerígena notável.

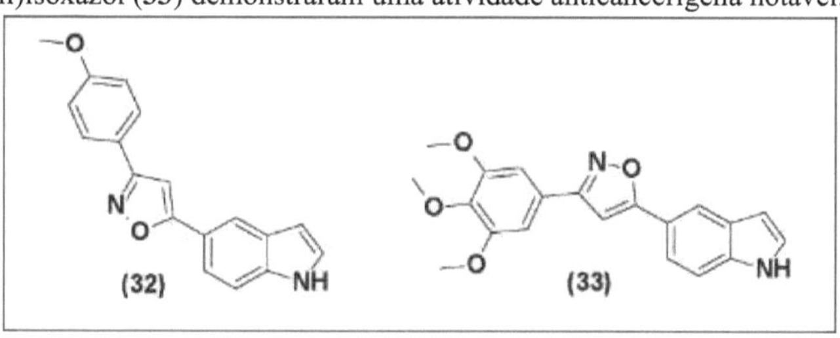

Trabalho atual

Todos os derivados de 1,2,3-triazol recentemente sintetizados (**Capítulo-II**) foram avaliados quanto à sua atividade anticancerígena in vitro.

3.4: Atividade anticancerígena *in vitro* dos derivados isoxazólicos do Capítulo-II (39a-39j)

Todos os compostos recentemente sintetizados no Capítulo-II (**39a-39j**) foram avaliados quanto à sua atividade citotóxica in vitro contra três linhas celulares de cancro humano, incluindo MCF-7 (mama), HeLa e SKOV3, de acordo com o método do ensaio MTT. A doxorrubicina foi utilizada como medicamento de referência e os resultados são apresentados no **Quadro 3.1**. De acordo com os resultados da atividade anticancerígena, os compostos **39b** (IC_{50} = 32,92 μM) e **39g** (IC_{50} = 33,15 μM) foram mais activos contra a linha celular MCF-7 em comparação com a doxorrubicina padrão (IC50 = 35,29 μM), enquanto nenhum dos compostos mostrou boa atividade contra as linhas celulares HeLa e SKOV3.

Tabela 3.1: Atividade citotóxica do carbazol-tiazolidinediona ligado ao 1,2,3-triazol derivados (**39a-39j**) em linhas celulares de cancro humano (in vitroXICsopM))

Produto	Valores IC50 (μM)		
	MCF-7	HeLa	SKOV3
39a	77.72	17.76	91.78
39b	32.92	42.06	>100
39c	>100	33.87	>100
39d	>100	57.05	29.06
39e	>100	32.36	>100
39f	>100	62.77	>100
39g	33.15	20.07	>100
39h	>100	24.00	>100
39i	91.66	12.08	>100
39j	>100	28.87	>100
Doxorrubicina	35.29	2.96	11.34

3.5: Secção Experimental

Atividade anticancerígena

A viabilidade celular na presença das amostras de ensaio foi medida pelo ensaio de tetrazólio em microcultura MTT [2o5-2o8]. O método colorimétrico é utilizado quantitativamente para confirmar a viabilidade celular. A atividade metabólica das células viáveis será avaliada durante este método. O sal de tetrazólio amarelo pálido (MTT) pode reduzir as células metabolicamente activas a um formazan azul escuro insolúvel em água. O valor quantitativo é determinado por solubilização com o composto DMSO. A absorvância do formazan pode ser diretamente relacionada com o número de células viáveis. As linhas de células cancerosas MCF-7, HeLa, ACHN, SKO3 e A375 foram colocadas numa placa de 96 poços a uma densidade de $1x1o^4$ células/poço. Antes de passar para o meio com baixo teor de soro, as células foram cultivadas durante a noite no meio completo e também foi utilizado o composto DMSO para controlar a reação. Os compostos de diferentes concentrações foram tratados cerca de 48 h e estas células foram incubadas na câmara de CO2 durante 2 h com MTT (2,5 mg/mL). Após a remoção do meio, para dissolver os cristais de formazan, foram adicionados 100 μL de DMSO a cada poço. A densidade ótica das placas foi mostrada a 57o nm, que está relacionada com a quantidade de células, e os resultados foram mostrados como percentagem de viabilidade. Todas as experiências foram efectuadas em triplicado. O valor IC50 foi calculado como um parâmetro de resposta e corresponde à concentração de 50% de inibição da viabilidade celular.

3.6: Conclusão

No **capítulo II,** os derivados de 1,2,3-triazol ligados a carbazol-tiazolidenediona (**39a-39j**) foram testados quanto à sua atividade anticancerígena em três linhas celulares de cancro humano: MCF-7, HeLa e SKO3. Aqui, os compostos **39b** e **39g** foram activos contra a linha de células MCF-7 em comparação com a doxorrubicina padrão.

Referências

1. Brawn, Ryan A.; Welzel, Morgan; Lowe, Jason T.; Panek, James S. (2010). Regioselectiva Intramolecular Dipolar Cycloaddition of Azides and Unsymmetrical Alkynes. *Cartas Orgânicas*, Vol. 12, No. 2, 336-339.

2. Genin, Michael J.; Allwine, Debra A.; Anderson, David J.; Barbachyn, Michael R.; Emmert, D. Edward; Garmon, Stuart A.; Graber, David R.; Grega, Kevin C.; Hester, Jackson B.; Hutchinson, Douglas K.; Morris, Joel; Reischer, Robert J.; Ford, Charles W.; Zurenko, Gary E.; Hamel, Judith C.; Schaadt, Ronda D.; Stapert, Douglas; Yagi, Betty H. (2000). Substituent Effects on the Antibacterial Activity of Nitrogen-Carbon-Linked (Azolylphenyl)oxazolidinones with Expanded Activity Against the Fastidious Gram-Negative Organisms Haemophilus influenzae and Moraxella catarrhalis. *Journal of Medicinal Chemistry*, Vol. 43, No. 5, 953-970.

3. Jie Yang; Dirk Hoffmeister; Lesley Liu; Xun Fu; Jon S. Thorson (2004). Natural product glycorandomization, *Bioorganic & Medicinal Chemistry*, Vol. 12, No. 7, 1577-1584.

4. Yoshio Saito; Vanessa Escuret; David Durantel; Fabien Zoulim; Raymond F. Schinazi; Luigi A. Agrofoglio (2003). Síntese de análogos 1,2,3-triazolo-carbanucleosídeos da ribavirina visando um HCV em réplica, *Bioorganic & Medicinal Chemistry*, Vol.11, No. 17, 3633-3639.

5. Wan, Q., Chen, J., Chen, G., & Danishefsky, S. J. (2006). Um avanço potencialmente valioso na síntese de vacinas anticancerígenas à base de hidratos de carbono através da química de cicloadição alargada. *The Journal of organic chemistry*, Vol. 71, No. 21, 8244-8249.

6. Reck, F., Zhou, F., Girardot, M., Kern, G., Eyermann, C. J., Hales, N. J., ... & Gravestock, M. B. (2005). Identificação de 1, 2, 3-triazóis 4-substituídos como novos agentes antibacterianos de oxazolidinona com atividade reduzida contra a monoamina oxidase A, *Journal of medicinal chemistry*, Vol. 48, No. 2, 499506.

7. Puig-Basagoiti, F., Qing, M., Dong, H., Zhang, B., Zou, G., Yuan, Z., & Shi, P. Y. (2009). Identificação e caraterização de inibidores do vírus do Nilo Ocidental, *Antiviral research*, Vol. 83, No. 1, 71-79.

8. Maurya, S. K., Gollapalli, D. R., Kirubakaran, S., Zhang, M., Johnson, C. R., Benjamin, N. N. & Cuny, G. D. (2009). Inibidores de triazol da inosina 5'-monofosfato desidrogenase de Cryptosporidium parvum. *Jornal de química medicinal*, Vol. 52, No. 15, 4623-4630.

9. Tatsuta, K., Ikeda, Y., & Miura, S. (1996). Síntese e actividades inibidoras da glicosidase de análogos de triazóis de nagstatina. *The Journal of antibiotics*, Vol. 49, No. 8, 836-838.

10. Hsieh, H. Y., Lee, W. C., Senadi, G. C., Hu, W. P., Liang, J. J., Tsai, T. R., ... & Wang, J. J. (2013). Descoberta, metodologia sintética e avaliação biológica da atividade anti-fotoenvelhecimento de [1, 2, 3] triazóis bicíclicos: estudos in vitro e in vivo. *Journal of medicinal chemistry*, Vol. 56, No. 13, 54225435.

11. Snyder, P. J., Werth, J., Giordani, B., Caveney, A. F., Feltner, D., & Maruff, P. (2005). Um método para determinar a magnitude da mudança em diferentes funções cognitivas em ensaios clínicos: os efeitos da administração aguda de duas doses diferentes de alprazolam. *Human Psychopharmacology: Clinical and Experimental*, Vol. 20, No. 4, 263-273.

12. Piotrowska, D. G., Balzarini, J., & Glowacka, I. E. (2012). Projeto, síntese, avaliação antiviral e citostática de novos análogos de nucleotídeos de isoxazolidina com um ligante 1, 2, 3-triazol, *jornal europeu de química medicinal*, Vol. 47, No. 501-509.

13. Haider, S., Alam, M. S., Hamid, H., Shafi, S., Nargotra, A., Mahajan, P., & Panda, A. K. (2013). Síntese de novas benzoxazolinonas à base de 1, 2, 3-triazol: sua ancoragem molecular baseada em TNF-α com atividades antiinflamatórias, antinociceptivas in vivo e avaliação de risco ulcerogênico, *Revista Europeia de Química Medicinal*, Vol. 70, No. 579-588.
14. Chinthala, Y., Domatti, A. K., Sarfaraz, A., Singh, S. P., Arigari, N. K., Gupta, N., ... & Paramjit, G. (2013). Síntese, avaliação biológica e estudos de modelagem molecular de algumas novas tiazolidinedionas com anel triazol, *Revista Europeia de Química Medicinal*, Vol. 70, No. 308-314.
15. Shafi, S., Alam, M. M., Mulakayala, N., Mulakayala, C., Vanaja, G., Kalle, A. M., ... & Alam, M. S. (2012). Síntese de novos bis-heterociclos baseados em 2-mercapto benzotiazol e 1, 2, 3-triazol: suas atividades antiinflamatórias e anti-nociceptivas, *revista europeia de química medicinal*, Vol. 49, No. 324-333.
16. Petrova, K. T., Potewar, T. M., Correia-da-Silva, P., Barros, M. T., Calhelha, R. C., Ciric, A.,& Ferreira, I. C. (2015). Actividades antimicrobiana e citotóxica de derivados de 1, 2, 3-triazole-sucrose. *Carbohydrate research*, Vol. 417, No. 66-71.
17. He, Y. W., Dong, C. Z., Zhao, J. Y., Ma, L. L., Li, Y. H., & Aisa, H. A. (2014). 1, 2, 3-Triazole-contendo derivados de ácido rupestônico: síntese clickchemical e atividades antivirais contra vírus da gripe, *revista europeia de química medicinal*, Vol. 76, No. 245-255.
18. Assis, S. P., Araújo, T. G., Sena, V. L., Catanho, M. T. J., Ramos, M. N., Srivastava, R. M., & Lima, V. L. (2014). Síntese, atividades hipolipidêmica e antiinflamatória de arilftalimidas. *Pesquisa em Química Medicinal*, Vol. 23, No. 2, 708-716.
19. Eccles, S. A.; Massey, A.; Raynaud, F. I.; Sharp, S. Y.; Box, G.; Valenti, M.; Patterson, L.; de Haven Brandon, A.; Gowan, S.; Boxall, F.; Aherne, W.; Rowlands, M.; Hayes, A.; Martins, V.; Urban, F.; Boxall, K.; Prodromou, C.; Pearl, L.; James, K.; Matthews, T. P.; Cheung, K.-M.; Kalusa, A.; Jones, K.; McDonald, E.; Barril, X.; Brough, P. A.; Cansfield, J. E.; Dymock, B.; Drysdale, M. J.; Finch, H.; Howes, R.; Hubbard, R. E.; Surgenor, A.; Webb, P.; Wood, M.; Wright, L.; Workman, P. (2008). NVP-AUY922: A Novel Heat Shock Protein 90 Inhibitor Active against Xenograft Tumor Growth, Angiogenesis, and Metastasis. *Cancer Research,* Vol. 68, No. 8, 2850-2860.
20. Michael Rugaard Jensen, Joseph Schoepfer, Thomas Radimersk (2008). NVP-AUY922: uma pequena molécula inibidora da HSP90 com uma potente atividade antitumoral em modelos pré-clínicos de cancro da mama. *Investigação do Cancro da Mama*, Vol. 10, No. R33
21. Sharp, S. Y.; Prodromou, C.; Boxall, K.; Powers, M. V.; Holmes, J. L.; Box, G.; Matthews, T. P.; Cheung, K.-M. J.; Kalusa, A.; James, K.; Hayes, A.; Hardcastle, A.; Dymock, B.; Brough, P. A.; Barril, X.; Cansfield, J. E.; Wright, L.; Surgenor, A.; Foloppe, N.; Hubbard, R. E.; Aherne, W.; Pearl, L.; Jones, K.; McDonald, E.; Raynaud, F.; Eccles, S.; Drysdale, M.; Workman,
P. (2007). Inibição da chaperona molecular da proteína de choque térmico 90 in vitro e in vivo por novos, sintéticos e potentes análogos de pirazol/isoxazol amida resorcinílicos. *Molecular Cancer Therapeutics*, Vol. 6, No. 4, 1198-1211.
22. Alberto Bargiotti; Loana Musso; Sabrina Dallavalle; Lucio Merlini; Grazia Gallo; Andrea Ciacci; Giuseppe Giannini; Walter Cabri; Sergio Penco; Loredana Vesci; Massimo Castorina; Ferdinando Maria Milazzo; Maria Luisa Cervoni; Marcella Barbarino; Claudio Pisano; Chiara Giommarelli; Valentina Zuco; Michelandrea De Cesare; Franco Zunino (2012). Isoxazolo(aza)naftoquinonas: A new class of cytotoxic Hsp90 inhibitors, *European Journal of*

Medicinal Chemistry, Jul; Vol. 53, No. 64-75.

23. Shin, K. D.; Lee, M.-Y.; Shin, D.-S.; Lee, S.; Son, K.-H.; Koh, S.; Paik, Y.-K.; Kwon, B.-M.; Han, D. C. (2005). Bloqueio da Migração e Invasão de Células Tumorais com o Derivado de Bifenil Isoxazol KRIBB3, uma Molécula Sintética que Inibe a Fosforilação de Hsp27. *Journal of Biological Chemistry*, Vol. 280, No. 50, 41439-41448.

24. Julia Kaffy; Renée Pontikis; Danièle Carrez; Alain Croisy; Claude Monneret; Jean-Claude Florent (2006). Derivados do tipo isoxazol relacionados com a combretastatina A-4, síntese e avaliação biológica, *Bioorganic & Medicinal Chemistry*, Vol. 14, No. 12, 4067-4077.

25. Ahmed Kamal; E. Vijaya Bharathi; J. Surendranadha Reddy; M. Janaki Ramaiah; D. Dastagiri; M. Kashi Reddy; A. Viswanath; T. Lakshminarayan Reddy; T. Basha Shaik; S.N.C.V.L. Pushpavalli; Manika Pal Bhadra (2011). Síntese e avaliação biológica de híbridos de 3,5-diaril isoxazolina / isoxazol ligados a 2,3-dihidroquinazolinona como agentes anticancerígenos, *European Journal of Medicinal Chemistry,* Vol. 46, No. 2, 691-703.

26. E. Rajanarendar; S. Raju; M. Nagi Reddy; S. Rama Krishna; L. Hari Kiran; A. Ram Narasimha Reddy; Y. Narasimha Reddy (2012). Síntese multicomponente e atividade anticâncer in vitro e in vivo de novos bis-isoxazolo [4,5-b] piridina-N-óxidos de arilmetileno, *European Journal of Medicinal Chemistry,* Vol. 50, No. 274-279.

27. Poma, Paola; Notarbartolo, Monica; Labbozzetta, Manuela; Maurici, Annamaria; Carina, Valeria; Alaimo, Alessandra; Rizzi, Michele; Simoni, Daniele; D'Alessandro, Natale (2007). As actividades antitumorais da curcumina e do seu análogo isoxazol não são afectadas por alterações múltiplas da expressão genética num modelo MDR da linha celular de cancro da mama MCF-7: Análise da possível base molecular. *Revista Internacional de Medicina Molecular*, Vol. 20, No. 329-335.

28. Ahmed Kamal; J. Surendranadha Reddy; M. Janaki Ramaiah; D. Dastagiri; E. Vijaya Bharathi; M. Ameruddin Azhar; Farheen Sultana; S.N.C.V.L. Pushpavalli; Manika Pal-Bhadra; Aarti Juvekar; Subrata Sen; Surekha Zingde (2010). Conceção, síntese e avaliação biológica de conjugados de 3,5-diaril-isoxazolina/isoxazol-pirrolobenzodiazepina como potenciais agentes anticancerígenos, *European Journal of Medicinal Chemistry,* Vol. 45, No. 9, 3924-3937.

29. E. Rajanarendar; M. Nagi Reddy; S. Rama Krishna; K. Govardhan Reddy; Y.N. Reddy; M.V. Rajam (2012). Projeto, síntese, atividade antimicrobiana e anticâncer in vitro de novos derivados de metilenobis-isoxazolo [4,5-b] azepinas, *European Journal of Medicinal Chemistry,* Vol. 50, No. 344349.

30. Md Tohid, Siti Farah; Ziedan, Noha I.; Stefanelli, Fabio; Fogli, Stefano; Westwell, Andrew D. (2012). Síntese e avaliação de 3,5-diarisoxazoles contendo indol como potenciais agentes antitumorais pró-apoptóticos, *European Journal of Medicinal Chemistry*, Vol. 56, No. 263-270.

CAPÍTULO IV

Estudos de Docagem Molecular

4.1: Introdução

Os estudos de docking molecular são um importante método Insilco mais utilizado na conceção de fármacos com base na estrutura, devido à sua capacidade de prever a conformação de ligação de ligandos de pequenas moléculas ao local de ligação alvo adequado, as proteínas. A caraterização das interações de ligação e dos resíduos envolvidos na ligação desempenha um papel essencial na conceção racional de fármacos, bem como na determinação de processos bioquímicos fundamentais. Desde as duas últimas décadas, foram desenvolvidos muitos métodos bem sucedidos para a ligação de ligandos a alvos macromoleculares [1-8].

Os estudos de docagem molecular dependem geralmente de dois métodos: (i) um campo de forças para avaliar a energia livre de ligação do complexo, normalmente estimada com base numa conformação específica ligada, e (ii) um método de pesquisa para descobrir o espaço conformacional acessível ao ligando e ao alvo.

O método de modelação molecular inclui todos os métodos teóricos e técnicas computacionais utilizados para prever a natureza das moléculas. As técnicas são aplicadas em muitos domínios que incluem a biologia computacional, a conceção de medicamentos, a química computacional e a ciência dos materiais para estudar sistemas moleculares, desde pequenos sistemas químicos a grandes moléculas biológicas e conjuntos de materiais. O cálculo mais simples pode ser efectuado manualmente; no entanto, são definitivamente necessários computadores para implementar a modelação molecular de qualquer sistema de dimensão razoável. A caraterística mais comum das técnicas de modelação molecular é a representação a nível atomístico dos sistemas moleculares. Isto pode ser feito tratando os átomos como a unidade individual mais pequena (a abordagem da mecânica molecular) ou modelando inequivocamente os electrões de cada átomo (a abordagem da química quântica).

Nas abordagens de modelação molecular, a acoplagem molecular é um método importante que determina a orientação desejada de uma molécula para uma segunda, quando ligadas uma à outra, para a formação de um complexo estável [9]. A informação sobre a orientação escolhida pode ser útil para prever a força de associação ou a afinidade de ligação entre duas moléculas.

As associações entre moléculas biologicamente relacionadas, como as proteínas, os ácidos nucleicos, os hidratos de carbono e os lípidos, desempenham um papel importante na transdução de sinais.

Além disso, a orientação relativa dos dois parceiros cooperantes pode afetar o tipo de sinal formado (por exemplo, agonismo ou antagonismo). Assim, o acoplamento molecular é útil para a previsão da força e do tipo de sinal produzido.

A docagem molecular é frequentemente utilizada para prever a orientação da ligação de pequenas moléculas candidatas a fármacos (ligandos) aos seus alvos proteicos, a fim de, por sua vez, prever a afinidade e a atividade da pequena molécula. Assim, a docagem desempenha um papel significativo na conceção racional de medicamentos. Dada a importância biológica e farmacêutica da docagem molecular, foram envidados esforços consideráveis para melhorar os métodos utilizados para prever a docagem [10].

O acoplamento molecular pode ser considerado como um problema de chave e fechadura, quando se está interessado em encontrar a orientação relativa correta da chave que abrirá a fechadura (em que ponto da superfície da fechadura se encontra o buraco da fechadura, em que direção rodar a chave depois de inserida, etc.). Neste caso, a proteína pode ser considerada como a fechadura e o ligando pode ser considerado como uma chave.

A docagem molecular pode ser definida como um problema de otimização, a partir do qual é possível descrever a orientação mais adequada de um ligando que se liga a uma determinada proteína de interesse. No entanto, uma vez que tanto o ligando como a proteína são flexíveis, uma correlação de mão e luva é mais apropriada do que a de chave e fechadura [11]. No decurso do processo, o ligando e a proteína ajustam a sua conformação para obter um melhor ajuste global e este tipo de ajustes conformacionais que resultam na ligação global é referido como ajuste induzido [12]. O objetivo da docagem molecular é simular computacionalmente o processo de reconhecimento molecular. O objetivo da acoplagem molecular é obter uma conformação optimizada tanto para a proteína como para o ligando e uma orientação relativa entre a proteína e o ligando que minimize a energia livre do sistema global.

4.2: Identificação do sítio ativo:

A identificação do local ativo é o primeiro passo deste programa. Analisa a proteína para encontrar a bolsa de ligação, deriva os principais locais de interação dentro da bolsa de ligação e, em seguida, prepara os dados necessários para a ligação do fragmento do ligando. As entradas básicas para esta etapa são as estruturas 3D da proteína e um ligando pré-acoplado em formato PDB, bem como as suas propriedades atómicas. Os átomos do ligando e da proteína têm de ser classificados e as suas propriedades atómicas devem ser definidas, basicamente, como quatro tipos atómicos.

Átomo hidrofóbico: Todos os carbonos em cadeias de hidrocarbonetos ou em grupos aromáticos. **Doador de H-bod:** Átomos de oxigénio e de azoto ligados a um ou mais átomos de hidrogénio.

Aceitador de ligações H: Oxigénio e átomos de azoto hibridizados sp^2 ou sp com um par solitário de electrões.

Átomo polar: Átomos de oxigénio e azoto que são átomos de enxofre, fósforo, halogéneo, metal e carbono ligados a heteroátomo(s).

O espaço no interior da região de ligação do ligando seria estudado com átomos de sonda virtuais dos quatro tipos acima referidos, de modo a que o ambiente químico de todos os pontos na região de ligação do ligando possa ser conhecido. Por conseguinte, não tenho dúvidas quanto ao tipo de fragmentos químicos que podem ser colocados nos pontos correspondentes da região de ligação do ligando ao recetor.

4.3: Resultados e discussão:

Os estudos de acoplamento molecular foram realizados tendo como alvo a quinase 2 dependente da cilina (CDK2) e o recetor do fator de crescimento epidémico (EGFR). O EGFR é um recetor de superfície celular para membros da família de ligandos proteicos extracelulares do fator de crescimento epidémico [13]. A proteína desempenha um papel vital no desenvolvimento ductal das glândulas mamárias e, quando se encontra sobre-expressa, dá origem a uma série de cancros [14, 15]. Assim, esta proteína pode ser tomada como alvo na doença oncológica e nos inibidores específicos da tirosina quinase [16]. O EGFR foi descarregado em formato Pdb (Pdb id- 4HJO) do banco de dados de proteínas [17]. A quinase dependente de ciclina 2 é uma enzima e uma unidade solar do complexo quinase dependente de ciclina [18]. A CDK2 está ativa durante as fases G1 e S do ciclo celular, pelo que actua como ponto de controlo da fase G1-S. Assim, a CDK2 pode ser considerada como um possível alvo no desenvolvimento de novos candidatos a medicamentos contra o cancro [19].

O estudo de acoplamento dos derivados titulados **42a-42k** (**Capítulo-2**) com a lipidocinase PI3K-a revelou os elevados resultados de acoplamento e afinidades de ligação, na gama de 111,171-123,274, em comparação com a doxorrubicina 125,50. Na bolsa do sítio ativo da lipidoquinase PI3K-a, os resíduos que interagem com a proteína-alvo são Glu849, Val851, Tyr836, Val850, Ile848, Met772, Ser854, Ile800, Asp810, Asp933 Gln859, Cys862, Met858 e Lys802. De entre todos, o composto 5e ajustou-se bem à bolsa do sítio ativo da quinase lipídica PI3K-a, apresentando a melhor pontuação de docagem (Lib Dock) de 123,274. Os detalhes da pontuação Lib Dock, os dados de interação ligante e a visualização da interação proteína-ligante dos compostos são apresentados na **Tabela 4.1.**

Os compostos **39a-39k** (**Capítulo 4**) também foram acoplados tomando o recetor do fator de crescimento epidémico como proteína alvo. O composto **39d** com o substituinte 3,4-dimetil exibiu a energia de ligação mais elevada (-13,70 Kcal/mol) e a constante de inibição (91,05 picomolar). Formou uma ligação de hidrogénio com o aminoácido LYS721 com um comprimento de ligação de 2,23 A^0. O composto **39e** (com o substituinte 2-metil) também apresentou uma energia de ligação semelhante (-13,39 Kcal/mol) e uma constante de inibição (152,06 picomolar). Formou uma ligação de hidrogénio com o resíduo LYS721 com um comprimento de ligação de 2,01 A^0. Do mesmo modo, o composto **39g** com o substituinte 4-cloro também apresentou uma energia de ligação de -12,87 Kcal/mol e uma constante de inibição de 365,55 picomolar, tendo formado uma ligação de hidrogénio com o resíduo LYS721 com um comprimento de ligação de 1,96 A^0.

O composto **39b** (com um substituinte 4-nitro) também formou uma ligação de hidrogénio com o LYS721 com um comprimento de ligação de 2,07 A^0. Mostrou também uma energia de ligação significativa (-12,48 Kcal/mol) e uma constante de inibição (707,48 picomolar). Em seguida, os compostos **39a**, **39c**, **39f**, **39h** e **39i** interagiram com a proteína alvo com energias de ligação semelhantes (-11,96, -11,30, -11,80, -11,12 e -11,61 Kcal/mol, respetivamente) e constantes de inibição (1,72, 5,19, 2,23, 7,03 e 3,06 nanomolares, respetivamente). Os compostos **39a** e **39f** formaram uma ligação de hidrogénio cada com o resíduo LYS721, com comprimentos de ligação de 2,37 A^0 e 2,59 A^0, respetivamente. O composto **39h** formou uma ligação de hidrogénio com o ARG817, com um comprimento de ligação de 2,01 A^0. Finalmente, o composto **39k** apresentou uma energia de ligação de -9,88 Kcal /mol e uma constante de inibição de 57,34 nanomolares. Formou duas ligações de hidrogénio com PHE699 e ARG817 com comprimentos de ligação de 1,84 A^0 e 2,46 A^0, respetivamente.

4.4: Secção Experimental

A estrutura co-cristalizada da proteína alvo, o recetor do fator de crescimento epidémico (PDB: 4HJO), deve ser obtida a partir do Protein Data Bank ((RCSB) http://www.rcsb.org/pdb) e o ligando associado à proteína que não contém água. Para realizar estudos in silico, as estruturas 2D dos ligandos preparados foram desenhadas no Chem Bio Office 2010 e alteradas para estruturas 3D minimizadas em energia no formato de ficheiro PDB utilizando o Marvin Sketch (Chem Axon). Após a remoção da molécula de água estrutural, o ficheiro da proteína alvo foi preparado e os heteroátomos e co-factores foram deixados apenas nos resíduos associados à proteína, utilizando o Discovery Studio 4.0 Visualizer (DSV).

A ferramenta AutoDock4.2 (MGL tols-1.5.6) foi utilizada para preparar o ficheiro da proteína selecionada, o que envolve a atribuição de átomos do tipo AD4, o cálculo das cargas de Gasteiger para cada átomo da macromolécula, a adição de hidrogénios polares à macromolécula, passo importante para corrigir o cálculo da carga parcial. A identificação do sítio de ligação da proteína foi efectuada utilizando Cast P (serversts-fw.bioengr.uic.edu /cast p /calculation. php). As simulações de docking para os compostos foram realizadas contra o sítio ativo da proteína.

Em seguida, foram identificados os resultados finais da ligação utilizando o tutorial 1.8 dos elementos Mstro. Todos os inibidores foram comparados a partir de 10 execuções de acoplamento. Os estudos de acoplamento mostram que todas as moléculas preparadas apresentaram excelentes energias de ligação à bolsa ativa do recetor e os resultados estão consolidados na tabela. Entre elas, a conformação com as energias de ligação mais baixas e os ligandos que exibem ligações H bem estabelecidas com o intervalo mais próximo de 1,2-4,0 Â com um ou mais aminoácidos na bolsa ativa do recetor foram escolhidos como as melhores orientações de ligandos acoplados (melhor pontuação).

Tabela 4.1. Parâmetros de interação de docagem molecular dos compostos **39a-39k** (**Capítulo 2**) com o recetor do fator de crescimento epidémico (PDB ID-4HJO).

Composto	Energia de ligação (kca l/mol)	Constante de inibição (Nan o Molar)	N.º de ligações de hidrogénio	Resíduos envolvidos em ligações de hidrogénio (comprimento da ligação em A°)
39a	-11.96	1.72	1	LYS721(2.37)
39b	-12.48	707,48 pM	1	LYS721(2.07)
39c	-11.30	5.19	-	-
39d	-13.70	91,05 pM	1	LYS721(2.23)
39e	-13.39	152,16 pM	1	LYS721(2.01)
39f	-11.80	2.23	1	LYS721(2.59)
39g	-12.87	365,55 pM	1	LYS721(1.96)
39h	-11.12	7.03	1	ARG817(2.01)
39i	-11.61	3.06	-	-
39j	-10.12	37.92	-	-
39k	-9.88	57.34	2	PHE699(1.84), ARG817(2.46)

4.5: Conclusão

O estudo de docking dos derivados titulados **39a**, **39c**, **39f**, **39h** e **39i** interagiram com a proteína alvo com energias de ligação semelhantes (-11,96, -11,30, -11,80, -11,12 e -11,61 Kcal/mol, respetivamente) e constantes de inibição (1,72, 5,19, 2,23, 7,03 e 3,06 nanomolares, respetivamente).

Referências

1. Brawn, Ryan A.; Welzel, Morgan; Lowe, Jason T.; Panek, James S. (2010). Regioselectiva Intramolecular Dipolar Cycloaddition of Azides and Unsymmetrical Alkynes. *Cartas Orgânicas*, Vol. 12, No. 2, 336-339.
2. Genin, Michael J.; Allwine, Debra A.; Anderson, David J.; Barbachyn, Michael R.; Emmert, D. Edward; Garmon, Stuart A.; Graber, David R.; Grega, Kevin C.; Hester, Jackson B.; Hutchinson, Douglas K.; Morris, Joel; Reischer, Robert J.; Ford, Charles W.; Zurenko, Gary E.; Hamel, Judith C.; Schaadt, Ronda D.; Stapert, Douglas; Yagi, Betty H. (2000). Substituent Effects on the Antibacterial Activity of Nitrogen-Carbon-Linked (Azolylphenyl)oxazolidinones with Expanded Activity Against the Fastidious Gram-Negative Organisms Haemophilus influenzae and Moraxella catarrhalis. *Journal of Medicinal Chemistry*, Vol. 43, No. 5, 953-970.
3. Jie Yang; Dirk Hoffmeister; Lesley Liu; Xun Fu; Jon S. Thorson (2004). Natural product glycorandomization, *Bioorganic & Medicinal Chemistry*, Vol. 12, No. 7, 1577-1584.
4. Yoshio Saito; Vanessa Escuret; David Durantel; Fabien Zoulim; Raymond F. Schinazi; Luigi A. Agrofoglio (2003). Síntese de análogos 1,2,3-triazolo-carbanucleosídeos da ribavirina visando um HCV em réplica, *Bioorganic & Medicinal Chemistry*, Vol.11, No. 17, 3633-3639.
5. Wan, Q., Chen, J., Chen, G., & Danishefsky, S. J. (2006). Um avanço potencialmente valioso na síntese de vacinas anticancerígenas à base de hidratos de carbono através da química de cicloadição alargada. *The Journal of organic chemistry*, Vol. 71, No. 21, 8244-8249.
6. Reck, F., Zhou, F., Girardot, M., Kern, G., Eyermann, C. J., Hales, N. J., ... & Gravestock, M. B. (2005). Identificação de 1, 2, 3-triazóis 4-substituídos como novos agentes antibacterianos de oxazolidinona com atividade reduzida contra a monoamina oxidase A, *Journal of medicinal chemistry*, Vol. 48, No. 2, 499506.
7. Puig-Basagoiti, F., Qing, M., Dong, H., Zhang, B., Zou, G., Yuan, Z., & Shi, P. Y. (2009). Identificação e caraterização de inibidores do vírus do Nilo Ocidental, *Antiviral research*, Vol. 83, No. 1, 71-79.
8. Maurya, S. K., Gollapalli, D. R., Kirubakaran, S., Zhang, M., Johnson, C. R., Benjamin, N. N. & Cuny, G. D. (2009). Inibidores de triazol da inosina 5'-monofosfato desidrogenase de Cryptosporidium parvum. *Jornal de química medicinal*, Vol. 52, No. 15, 4623-4630.
9. Tatsuta, K., Ikeda, Y., & Miura, S. (1996). Síntese e actividades inibidoras da glicosidase de análogos de triazóis de nagstatina. *The Journal of antibiotics*, Vol. 49, No. 8, 836-838.
10. Hsieh, H. Y., Lee, W. C., Senadi, G. C., Hu, W. P., Liang, J. J., Tsai, T. R., ... & Wang, J. J. (2013). Descoberta, metodologia sintética e avaliação biológica para atividade antifotoenvelhecimento de [1, 2, 3] triazóis bicíclicos: estudos in vitro e in vivo. *Jornal de química medicinal*, Vol. 56, No. 13, 54225435.
11. Snyder, P. J., Werth, J., Giordani, B., Caveney, A. F., Feltner, D., & Maruff, P. (2005). Um método para determinar a magnitude da mudança em diferentes funções cognitivas em ensaios clínicos: os efeitos da administração aguda de duas doses diferentes de alprazolam. *Human Psychopharmacology: Clinical and Experimental*, Vol. 20, No. 4, 263-273.
12. Piotrowska, D. G., Balzarini, J., & Glowacka, I. E. (2012). Projeto, síntese, avaliação antiviral e citostática de novos análogos de nucleotídeos de isoxazolidina com um ligante 1, 2, 3-triazol, *jornal europeu de química medicinal*, Vol. 47, No. 501-509.

13. Haider, S., Alam, M. S., Hamid, H., Shafi, S., Nargotra, A., Mahajan, P., & Panda, A. K. (2013). Síntese de novas benzoxazolinonas à base de 1, 2, 3-triazol: sua ancoragem molecular baseada em TNF-α com atividades antiinflamatórias, antinociceptivas in vivo e avaliação de risco ulcerogênico, *revista europeia de química medicinal*, Vol. 70, No. 579-588.
14. Chinthala, Y., Domatti, A. K., Sarfaraz, A., Singh, S. P., Arigari, N. K., Gupta, N., ... & Paramjit, G. (2013). Síntese, avaliação biológica e estudos de modelagem molecular de algumas novas tiazolidinedionas com anel triazol, *Revista Europeia de Química Medicinal*, Vol. 70, No. 308-314.
15. Shafi, S., Alam, M. M., Mulakayala, N., Mulakayala, C., Vanaja, G., Kalle, A. M., ... & Alam, M. S. (2012). Síntese de novos bis-heterociclos baseados em 2-mercapto benzotiazol e 1, 2, 3-triazol: suas atividades antiinflamatórias e anti-nociceptivas, *revista europeia de química medicinal*, Vol. 49, No. 324-333.
16. Petrova, K. T., Potewar, T. M., Correia-da-Silva, P., Barros, M. T., Calhelha, R. C., Ciric, A.,& Ferreira, I. C. (2015). Actividades antimicrobiana e citotóxica de derivados de 1, 2, 3-triazole-sucrose. *Carbohydrate research*, Vol. 417, No. 66-71.
17. He, Y. W., Dong, C. Z., Zhao, J. Y., Ma, L. L., Li, Y. H., & Aisa, H. A. (2014). 1, 2, 3-Triazole-contendo derivados de ácido rupestônico: síntese clickchemical e atividades antivirais contra vírus da gripe, *revista europeia de química medicinal*, Vol. 76, No. 245-255.
18. Assis, S. P., Araújo, T. G., Sena, V. L., Catanho, M. T. J., Ramos, M. N., Srivastava, R. M., & Lima, V. L. (2014). Síntese, atividades hipolipidêmica e antiinflamatória de arilftalimidas. *Pesquisa em Química Medicinal*, Vol. 23, No. 2, 708-716.
19. Eccles, S. A.; Massey, A.; Raynaud, F. I.; Sharp, S. Y.; Box, G.; Valenti, M.; Patterson, L.; de Haven Brandon, A.; Gowan, S.; Boxall, F.; Aherne, W.; Rowlands, M.; Hayes, A.; Martins, V.; Urban, F.; Boxall, K.; Prodromou, C.; Pearl, L.; James, K.; Matthews, T. P.; Cheung, K.-M.; Kalusa, A.; Jones, K.; McDonald, E.; Barril, X.; Brough, P. A.; Cansfield, J. E.; Dymock, B.; Drysdale, M. J.; Finch, H.; Howes, R.; Hubbard, R. E.; Surgenor, A.; Webb, P.; Wood, M.; Wright, L.; Workman, P. (2008). NVP-AUY922: A Novel Heat Shock Protein 90 Inhibitor Active against Xenograft Tumor Growth, Angiogenesis, and Metastasis. *Cancer Research*, Vol. 68, No. 8, 2850-2860.
20. Michael Rugaard Jensen, Joseph Schoepfer, Thomas Radimersk (2008). NVP-AUY922: uma pequena molécula inibidora de HSP90 com uma potente atividade antitumoral em modelos pré-clínicos de cancro da mama. *Investigação do Cancro da Mama*, Vol. 10, No. R33
21. Sharp, S. Y.; Prodromou, C.; Boxall, K.; Powers, M. V.; Holmes, J. L.; Box, G.; Matthews, T. P.; Cheung, K.-M. J.; Kalusa, A.; James, K.; Hayes, A.; Hardcastle, A.; Dymock, B.; Brough, P. A.; Barril, X.; Cansfield, J. E.; Wright, L.; Surgenor, A.; Foloppe, N.; Hubbard, R. E.; Aherne, W.; Pearl, L.; Jones, K.; McDonald, E.; Raynaud, F.; Eccles, S.; Drysdale, M.; Workman,
P. (2007). Inibição da chaperona molecular da proteína de choque térmico 90 in vitro e in vivo por novos, sintéticos e potentes análogos de pirazol/isoxazol amida resorcinílicos. *Molecular Cancer Therapeutics*, Vol. 6, No. 4, 1198-1211.
22. Alberto Bargiotti; Loana Musso; Sabrina Dallavalle; Lucio Merlini; Grazia Gallo; Andrea Ciacci; Giuseppe Giannini; Walter Cabri; Sergio Penco; Loredana Vesci; Massimo Castorina; Ferdinando Maria Milazzo; Maria Luisa Cervoni; Marcella Barbarino; Claudio Pisano; Chiara Giommarelli; Valentina Zuco; Michelandrea De Cesare; Franco Zunino (2012). Isoxazolo(aza)naftoquinonas: A new class of cytotoxic Hsp90 inhibitors, *European Journal of*

Medicinal Chemistry, Jul; Vol. 53, No. 64-75.

23. Shin, K. D.; Lee, M.-Y.; Shin, D.-S.; Lee, S.; Son, K.-H.; Koh, S.; Paik, Y.-K.; Kwon, B.-M.; Han, D. C. (2005). Bloqueio da Migração e Invasão de Células Tumorais com o Derivado de Bifenil Isoxazol KRIBB3, uma Molécula Sintética que Inibe a Fosforilação de Hsp27. *Journal of Biological Chemistry*, Vol. 280, No. 50, 41439-41448.

24. Julia Kaffy; Renée Pontikis; Danièle Carrez; Alain Croisy; Claude Monneret; Jean-Claude Florent (2006). Derivados do tipo isoxazol relacionados com a combretastatina A-4, síntese e avaliação biológica, *Bioorganic & Medicinal Chemistry*, Vol. 14, No. 12, 4067-4077.

25. Ahmed Kamal; E. Vijaya Bharathi; J. Surendranadha Reddy; M. Janaki Ramaiah; D. Dastagiri; M. Kashi Reddy; A. Viswanath; T. Lakshminarayan Reddy; T. Basha Shaik; S.N.C.V.L. Pushpavalli; Manika Pal Bhadra (2011). Síntese e avaliação biológica de híbridos de 3,5-diaril isoxazolina / isoxazol ligados a 2,3-dihidroquinazolinona como agentes anticancerígenos, *European Journal of Medicinal Chemistry,* Vol. 46, No. 2, 691-703.

26. E. Rajanarendar; S. Raju; M. Nagi Reddy; S. Rama Krishna; L. Hari Kiran; A. Ram Narasimha Reddy; Y. Narasimha Reddy (2012). Síntese multicomponente e atividade anticâncer in vitro e in vivo de novos bis-isoxazolo [4,5-b] piridina-N-óxidos de arilmetileno, *European Journal of Medicinal Chemistry,* Vol. 50, No. 274-279.

27. Poma, Paola; Notarbartolo, Monica; Labbozzetta, Manuela; Maurici, Annamaria; Carina, Valeria; Alaimo, Alessandra; Rizzi, Michele; Simoni, Daniele; D'Alessandro, Natale (2007). As actividades antitumorais da curcumina e do seu análogo isoxazol não são afectadas por alterações múltiplas da expressão genética num modelo MDR da linha celular de cancro da mama MCF-7: Análise da possível base molecular. *Revista Internacional de Medicina Molecular*, Vol. 20, No. 329-335.

28. Ahmed Kamal; J. Surendranadha Reddy; M. Janaki Ramaiah; D. Dastagiri; E. Vijaya Bharathi; M. Ameruddin Azhar; Farheen Sultana; S.N.C.V.L. Pushpavalli; Manika Pal-Bhadra; Aarti Juvekar; Subrata Sen; Surekha Zingde (2010). Conceção, síntese e avaliação biológica de conjugados de 3,5-diaril-isoxazolina/isoxazol-pirrolobenzodiazepina como potenciais agentes anticancerígenos, *European Journal of Medicinal Chemistry,* Vol. 45, No. 9, 3924-3937.

29. E. Rajanarendar; M. Nagi Reddy; S. Rama Krishna; K. Govardhan Reddy; Y.N. Reddy; M.V. Rajam (2012). Projeto, síntese, atividade antimicrobiana e anticâncer in vitro de novos derivados de metilenobis-isoxazolo [4,5-b] azepinas, *European Journal of Medicinal Chemistry,* Vol. 50, No. 344349.

30. Md Tohid, Siti Farah; Ziedan, Noha I.; Stefanelli, Fabio; Fogli, Stefano; Westwell, Andrew D. (2012). Síntese e avaliação de 3,5-diarisoxazoles contendo indol como potenciais agentes antitumorais pró-apoptóticos, *European Journal of Medicinal Chemistry*, Vol. 56, No. 263-270.

MIX
Papier aus verantwortungsvollen Quellen
Paper from responsible sources
FSC® C105338

Printed by Books on Demand GmbH, Norderstedt / Germany